本书为作者2017年承担的河北省社科基金项目的结项成果，课题名称：华北历史村落空间形态特征研究，项目编号：**HB17YS046**

建筑学视角下的华北传统村落

彭　鹏/著

吉林大学出版社

·长春·

图书在版编目（CIP）数据

建筑学视角下的华北传统村落 / 彭鹏著. —— 长春：
吉林大学出版社, 2022.7
ISBN 978-7-5768-0046-3

Ⅰ.①建… Ⅱ.①彭… Ⅲ.①村落 – 古建筑 – 保护 –
研究 – 华北地区 Ⅳ.①TU-87

中国版本图书馆CIP数据核字(2022)第134877号

书　　名：建筑学视角下的华北传统村落
JIANZHUXUE SHIJIAO XIA DE HUABEI CHUANTONG CUNLUO

作　　者：彭　鹏　著
策划编辑：矫　正
责任编辑：矫　正
责任校对：张宏亮
装帧设计：雅硕图文
出版发行：吉林大学出版社
社　　址：长春市人民大街4059号
邮政编码：130021
发行电话：0431-89580028/29/21
网　　址：http://www.jlup.com.cn
电子邮箱：jldxcbs@sina.com
印　　刷：天津和萱印刷有限公司
开　　本：787mm×1092mm　　1/16
印　　张：8.5
字　　数：200千字
版　　次：2023年5月　第1版
印　　次：2023年5月　第1次
书　　号：ISBN 978-7-5768-0046-3
定　　价：55.00元

目　录

上篇　建筑学视角下的华北传统村落

下篇　案例篇

上篇　建筑学视角下的华北传统村落

华北山地传统聚落中的街道空间

彭鹏 刘丽

1. 基本概念及背景

广义的聚落包括乡村和城镇两个基本类型，狭义的聚落仅指乡村聚落。我们这里指的是后者。从学术的角度讲，它是"学术范畴的建筑集团又具有小农经济体制下基层社会机制概念"，是"由居住的自然环境、建筑实体和具有特定社会文化习俗的人所构成的有机整合体"[1]。

本文以分别位于河北、山东、北京等地三个有代表性的聚落为主要案例，它们分别是于家村①、朱家峪②和爨底下③。内蒙古与山西暂不在研究范围之内。内蒙古自治区除了在历史、社会、文化上有巨大差异之外，聚落类型和建筑类型也有所不同。山西在地势上形成一个独立的地理单元，其文化极具特点，独树一帜，完全可以作为个案研究。

2. 形式层面

2.1 界面

街道空间的构成界面包括侧界面、底界面和一小部分顶界面。在华北山地传统聚落街道空间的实体界面中，几乎所有的垂直侧界面都是建筑界面，它们多是由民居的山墙或者院墙所组成的，开窗极为有限。再加上华北山区的气候寒冷，从保温方面考虑也不易在墙面上多开窗洞，以适应地域气候特征。墙体少量的开洞、阴影和材料表达出墙体的重量感和体积感。图1、2、3分别为于家村、朱家峪和爨底下的街道空间，正如图所示，华北山地传统聚落的侧界面多用石、砖，有时外加抹灰。街道侧界面对街巷的限定往往是七零八落，有时甚至是不完整的感觉。但在这里我们也许不能用城市的眼光来衡量这些自然的不确定因素。街道侧界面的界定作用所带来的空间特性是连续性和街道的开合处理。这种连续性可以通过多种手法来实现，比如持续的界面、统一的材质、相同的纹理走向及重复性的构图，等等。为了使连续的街道获得活力，我们需要适当处理——街道空间有规律的开合处理——对街道连续性的打破。我们从于家村官坊街的平面图（图4）上可以看出，街道中共有四处作为"开口"打破街道的连续性。南界面也有四处"开口"。这些"开口"交错设置，给街道划分了段落，很有节奏地给街道增加了活力，使长长的线性空间不再均质和单调。总的来说，华北山地传统聚落街道空间的侧界面具有很强的连续性和封闭感，所形成的街道空间内聚力和收敛性强，易于空间的界定，具有十分明显的地域特征。

图1　于家村街道侧界面　　　　图2　朱家峪街道侧界面　　　　图3　暴底下街道侧界面

图4　于家村官坊街平面图

底界面通常就是地面，起路线引导作用，强调空间的线性特征。帮助底界面完成功能的主要是地面的铺装。如图5是朱家峪铺地，通过铺装的造型、垂直方向的高差完成引导和标志作用。路面铺砌还有界定领域和过渡的功能，如图6。暴底下街道底界面的铺砌材料主要是山上的片石及河床中的卵石，村中既有板石路，也有卵石路，还有混合铺砌的。砌筑方法上也是平砌、立砌综合运用，别具特色。

　　华北山地传统聚落的街道不可避免地具有较大的高程变化，尤其是与等高线相互垂直的街道。沿街两侧的建筑必然也呈起伏跌落的形式与地面呼应，于是顶界面的外轮廓线自然也呈台阶式的变化而呈现鲜明的节奏韵律感。由于较大的高程变化，当从高处走向低处时，感受层层跌落的屋顶；由低处走向高处时，感受的是错落有致的檐下空间，虽然繁杂却被堆积在阴影中，此时顶界面在它们的夹合下，呈现出或宽或窄的纯净天空。

图5　朱家峪文昌阁地面铺装，中间为下沉的沙石板，两侧为青石

图6　于家村真武庙前铺地，圆形的放射型图案在材料的大小、颜色、形式上
都标志了作为重要建筑的领域感

2.2　户入口

街巷空间是串接"户入口"的线性途径，这其中有深刻的美学价值值得我们借鉴。表1是"户入口"的几种常见形式总结。从这些"户入口"的设置我们还可以看出：第一，居民们喜欢将自家的入口设置于较为隐蔽的地方，至少对于行人有90°以上的转角。这样的设计，从风水的角度来说，使门口不受冲；从建筑学的角度来说，它有一定的视线遮挡；从居住心理来讲，它可以有足够的安全感。第二，各家的"户入口"错开设置，有利于视线的遮挡，私密感强。

从立面上来讲，台阶的设置除了抬高地坪、防止水的进入以外，还有很强的界定领域的作用。台阶的设置、影壁的大小、花纹的精细程度甚至门的退距也可以用来体现自己门户的地位。

2.3　岔路口

岔路口是街道交通的咽喉，是街道空间转折、停顿的地方，而且是人流汇集的地方，也是人们经常活动的区域。表2是关于三个华北山地传统聚落的交岔路口的调研分类及总结。

丁字路口是常见的岔路口形式。它是一种用于封闭景色从而使之形成场所感的一种传统连接方式。这种形式的出路口在欧洲也很常见，它可以帮助街道形成引人注目的亲切空间，但对于现代社会来说，它在组织交通方面有一定的不足。Y字路口在传统聚落中出现的频率也是很高的。"Y形连接给人们提供了明确的路线选择，两条供人选择的道路特征往往不同而激发起行人对邻近地段的兴趣。……Y形连接的美学特点和丁形有相同之处，但它的交通条件可能比丁形好。在界面处理上，若处理得好，每条相交道路的前方建筑都能形成一个视线焦点，也有可能在一个或者两个以上的方向上形成视线封闭……"[2]Y字路口在朱家峪竟然出现十几次，只是形式上一般Y字上方两个岔路之间的角度较小。

表1　户入口常见形式总结

独户入口								
多户入口								

表2　岔路口的分类

	于家村	朱家峪	爨底下
因高差产生的复合型岔路口			

从三个传统聚落的各种交岔路口的形式来看，他们之间的共性在于各个界面之间的关系是有机的，而这种有机正是从整个聚落构成的有机性而来。它们的"错位"与"非正交"是建筑实体较规则与外部流线较自由相冲突的表现。

2.4　标志物

华北山地传统聚落街道中标志物的设置完全出于人工有意识的安排的情况较为少见。在蜿蜒起伏、曲折多变的带状空间中，要想设置对景、借景是极为困难的。在传统聚落中，景物于街道的关系不外乎以下几种情况（见图7、8）：情况A中，是上述的"仰借"，其中目标物应被置于高处。情况B中，目标物正对着街道，似乎可以形成所谓的"对景"，这种情况有时是刻意安排的。情况C中，目标物处于街道的一侧，行人映入眼帘的是不对称画面，并且随着行人对景物的接近而有变化。在情况D中，我们时而能够看见目标物，时而又看不见，给人深刻的"步移景异"印象。正是这一个个街道上的标志物，作为一个个记忆的点，行人无意中就将各个标志点联系起来，同时也就将自己对街道的片段式印象联系了起来：一边行走，一边浏览，一边加深了记忆，在从一个标志物走向另一个标志物的同时，我们对整个路线有了整体印象。

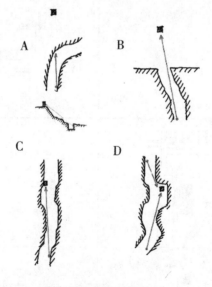

图7　景物与街道的关系

华北山区传统聚落的街道上也有"小品"的设置，但从功能上讲，大都是为休息而设置的。这些"小品"的设置主要从实用角度出发，点缀空间和渲染气氛的功能较少。从形式上讲，有石辗、石制柱础或者由大块青石垒成的简易石座，等等。由于传统聚落历史悠久，在其街道上都遗留有一些原来有各种用途的器物，现在反而为街道注入了历史与时间的厚重感，如拴马石等。

图8 朱家峪和当泉村[④]中的对景、借景手法

3. 结构层面

3.1 街道的比例

芦原义信关于各种比例尺度的研究一直被后人所应用，我们这里也以此为基本参照。

华北山区的传统聚落，虽然其街道宽度比较大，但D/H在1以内的情况还是居多的。于家村的街道窄的有1米左右，宽的也只有3至4米，普通街道2米多不到3米，其D/H一般在0.6至0.9之间；朱家峪的普通街道在0.3至1.8之间。爨底下的街道普遍宽度比较窄（村前那条宽10米左右的公路已经不能视为聚落内部的街道），其D/H较于家村还要小，村中最窄的街道甚至不足1米，其D/H值达到0.28。虽然华北属于寒冷地区，聚落的街道宽度较大，但从街道比例来看，其构成的街道空间还是趋向于给人亲切感和围合感的，这样的尺度还能带来心理上的安全感。

3.2 街道的构成特点

街道的构成特点包括很多方面，但基本上都为前文所包括。比如街道的过渡空间和节点空间可以归入岔路口与户入口的分析，空间的可识别性包含了很多标志物设置的问题，还有空间的收放、转折和连续性与开合处理大都可以归入街道侧界面的讨论。可见形式与结构两个层面有时也有很多内容处于交集之中。

4. 文化层面

4.1 街巷空间与行为模式

街道空间对人们的行为具有一定意义上的引导作用，在街道当中行走这个行为本身就已经被街道这一线性空间限定为线性轨迹。其它如标志物的设置，甚至阴影变化、材质对比都会引起人们的注意。人们在移动时，习惯性地寻找视线上的目标，熟悉聚落的人也会在心理上形成多个路线目标并向其移动，之后又向下一个街道要素或者标志物靠近，从而完成整个行为。水平界面也会对人的行为进行引导。底界面的材质变化和坡度变化在人的行进过程中，在人移动时的视觉中也占很重要的位置。尤其是在坡度变化大的地段，台阶在某种意义上已经成为空间的主角，视觉中充满了向上的台阶和两侧参差起伏的屋顶轮廓线，延伸至远方的视觉尽端，成为行为的心理导向。民俗活动中的"游"也是一种线性行为，主要也是受到街道这一因素的限制。这一线性活动直到一块较大的场地才终止。

华北山区传统聚落的街道在尺度上尊重步行局限，所以街道还成为公共交往的场所。它以尺度、线性设计集中了人、事于街巷，促进了步行交通和人在户外的停留，尊重人的步行局限。街道是居民们的"公共客厅"，与公共空间交融，是最理想的交往空间，它已经超出了基本的交通意义，成为居民们最依赖的生活场所。

4.2 街巷空间与商业

商业与街巷的紧密联系在南方一些传统聚落中更能体现，在北方则稍差，尤其是华北地区，很多传统聚落的街巷都是与"商业"这个词无缘的。中国自古重农抑商，华北地区是古代历朝历代最重要的行政中心，所以在传统聚落中，商业气氛较淡也是必然的，当然，这也与气候、居民性格等等其他很多因素有关。本文中三个作为主要例证的街道空间中，都基本不见商业的因素。如果说有的话，也是后期为迎合旅游开发而设置的个别摊点（当然，现在的爨底下家家是客栈，户户是旅馆，其街道的商业气氛已经很重了，甚至已经弥漫了整个聚落）。很明显，这与原来街道空间形成的初衷是没有任何联系的。这里的街道所起的作用，都是街道最为原始的功用，即交通与交往。

4.3　街巷空间与民间世俗文化

我们在聚落街道空间中能深刻感受到活泼、自由、开放的民间世俗文化，而不是在宫殿中等看到的庄严、肃穆的"官文化"。

总的来说，我国的传统聚落的街巷空间中所提供的服务内容比较丰富，尤其是南方聚落的街道。它经常包括酒楼、茶坊、诊所、药房、当铺、商业票号，等等。而华北地区传统聚落的街道空间所包含的相应内容就要单调得多，街道的侧界面也因此而层次简约。当然，华北地区传统聚落的街道空间虽然主要承担了交通交往的作用，但由于人流的集中，也会举办一些民间的文娱活动，成为聚落公共活动场所的重要组成部分。

4.4　文化的多元

我国地域广阔，民族众多。各个民族的历史、文化、信仰，所处的地理位置、气候和其他环境特征都有所不同，在此基础上所形成的传统聚落自然也各具特征。这种文化的多元，正是我们传统建筑文化的重要财富。如今，我们不仅可以从现存的传统聚落中寻找借鉴，还可以反过来从建筑现象出发来研究文化、历史、信仰等其他相关因素。现在，我们正是在弘扬中华优秀传统文化背景下，在华北地区传统村落独具特征的前提下，在华北山区这个特殊的地理状况下，研究其传统聚落，研究其外部空间，研究其街道空间与其他相关因素的交融。我们可以看到，在特定的地区、特定的地理环境下，在普遍文化背景相同的情况下，聚落的街道空间也呈现其必然的个性特征。

5. 结语

街道空间是传统聚落的骨架，是其交通系统的主要组成部分。在华北山地传统聚落中，它呈树形网状结构贯穿于整个聚落，连接千家万户。街道空间除了承担交通功能以外，还扮演着重要的交往场所的角色。就交通功能来说，它尊重步行局限，体现人本精神；就交往场所来说，它有较强的领域感和可识别性，给予了聚落居民较强的心理安全感，诱导了人们的自发性活动。

注释:

①河北井陉于家村:井陉县位于河北省西南部,属太行山区,石家庄市。于家村位于该县的中西部,总面积10平方千米。于家村原名白庙村,建于明代成化年间(1486年)。现在的于家村东西长500多米,南北宽300多米,基本保持着明清时期的建筑风格和布局。村中现居住400多户,1600多人,95%为于氏家族,是明代政治家、民族英雄于谦(1498—1557)的后裔。于家村现为国家级民俗文化村,拥有明清石制窑洞式民居和完整的家谱文化。

②北京爨底下村:爨底下村位于京西门头沟区斋堂镇,全村坐北面南,依山而建,背山面阳,错落有致,保存完整的四合院有76套,住房656间,结构严谨,错落有致。四合院整体精良,布局合理。爨底下村现为北京市文物保护单位。

③山东朱家峪:章丘市官庄乡朱家峪村,位于明水城东南5千米处,胡山东北脚下。朱家峪原名城角峪,后改名富山峪。朱氏于明洪武四年(1371年)入村,因朱系国姓,与皇帝朱元璋同宗,遂将富山峪改名朱家峪。自明代至今,虽经六百余年沧桑之变,但仍较完整地保留着原来的建筑格局。朱家峪大小古建筑近200处,大小石桥300余座,井泉20余处,庙宇10余处,被专家誉为"齐鲁第一古村·江北聚落标本"。

④当泉村:与于家村毗邻的一个聚落,在构建方式、建筑材料等方面都与于家村相似。

参考文献:

[1] 朱岸林. 传统聚落建筑的审美文化特征及其现实意义[J]. 华南理工大学学报(社会科学版),2005(03):27–30.

[2] 齐康主编. 城市建筑[M]. 南京: 东南大学出版社, 2001.

浅析华北传统聚落街道空间中的行为意义

彭鹏 王军

1. 聚落与传统聚落

1.1 聚落

"聚落"一词，古已有之。《史记·五帝本纪》中有云，"一年而所筑成聚，二年成邑，三年成都""聚，村落也"。《汉书·沟洫志》曰："或久无害，稍筑室宅，逐成聚落。"据考证，"聚"是乡以下的农村人口的聚居地，从聚居生活和空间环境的完整性上来看，两汉时期的"聚"就是我们今天所谓的自然村，有一定的聚居规模。如今，建筑学上广义的聚落包括乡村和城镇两个基本类型，狭义的聚落仅指乡村聚落。我们这里指的是后者。从学术的角度讲，它是"学术范畴的建筑集团又具有小农经济体制下基层社会机制概念"，是"由居住的自然环境、建筑实体和具有特定社会文化习俗的人所构成的有机整合体"[1]。

1.2 传统聚落

这里的"传统聚落"当然包涵历史的因素，即聚落的形成有史可寻。单德启先生在《从传统民居到地区建筑》中曾对"传统"有过定义："'传统'是指历代传承下来的具有本质性的模式、模型和准则的总和。"[2]

现代城镇与新农村都已经失去了部分血缘、地缘关系，缺乏宗族、宗法的制约，人与人内在的联系趋于松散，人们共同的生活习俗、行为模式和情感需求都大大简化。所谓的"传统聚落"，除了宏观的历史、社会、政治、文化、地理的背景之外，还包括内在的宗族制度、宗法制度、小型社会的内在组织结构、宗教信仰、道德准则、生活模式、意识形态甚至审美情操。这些都是传统聚落居民行为的特定背景，与行为本身存在千丝万缕的内在联系。在一个特定的背景下研究行为，不仅使研究边界清晰，范围明确，而且使结论更加具有对应性。

2. 传统聚落中的街道空间

中国传统聚落空间中以街道空间发达为特征。街道是聚落形态的"骨架"和"支撑"。街道由两边的建筑所界定，是由内部秩序形成的外部空间，具有积极的空间性质，与人关系密切。街道空间不仅表现它的物理形态，表示两点或两区域之间是否有关系，还表现人的动线和行为等，它们普遍被看成人们进行公共交往和娱乐的场所。

街道的组成要素包括界面、入户口、岔路口和标志物等，它们都与聚落居民的行为密切相关。

3. 传统聚落街道空间中的行为及其意义

街道的界面是居民行为活动的主要物质载体。界面中的水平界面会对人的行为进行引导。如底界面的材质变化和坡度变化在人的行进过程中，在人移动时的视觉中会占有很重要的位置（图9）。尤其是在山地聚落坡度变化大的地段，台阶在某种意义上已经成为空间的主角，视觉中充满了向上的台阶和两侧参差起伏的屋顶轮廓线，延伸至远方的视觉尽端，成为行为的心理导向。

图9 山东朱家峪街道底界面

入户口的居民行为最具有特殊性（图10）。在到这些传统聚落（本文所调研的聚落包括北京爨底下村、河北井陉于家村、河北井陉当泉村、山东朱家峪等）调研的时候，经常能看见聚落里的居民坐在自家的门槛上或者大门旁的石碾子上，大妈做着手中的活儿，大爷抽着旱烟，还有那中年汉子蹲在门口捧着大碗呼噜呼噜地吃着面条，他们或者聊着天或者在观察行人。对于这些居民来说，他们在此获得了阳光和新鲜的空气，获得了与别人交流的机会，获得了观察事物的主动权，同时还获得了空间的安全感。因为"我"是坐在"我家门口"，这在心理上同时获得了"我有"与"与人共有"的享受。阿尔伯特（Rutledge Albert）曾说："人们闲暇时间的很大部分是用在看人和被人看这方面。"[3]人们都有这两种心理，"被看"满足了被动者的受关注心理，"看人"则满足了主动者的猎奇倾向，而实施这两种行为的最理想场所就是在"自己的领域"。入户口作为这样一个既公共又私有的空间，是最合适发生这种行为的。珍妮·杰克布斯（Jane Jacobs）曾在《*The Death and Life of American Cities*》中提到："人们决意要保护基本的隐私，而同时又希望能与周围的人有不同程度的接触和相互帮助，……"[4]入户口在这两者之间获得了很好的平衡。

门板是抽象的距离，这个距离可近可远，完全在人的掌握中，不想看人和被人看的时候就缩回到门内的阴影里。在朱家峪调研的时候，一位大妈坐在门口和过路的乡亲

图10　河北井陉于家村居民在入户口处的交往

寒暄着，在明媚的阳光下很是享受，可远远看见我这个不速之客的时候，尤其是看见我手中的相机时，顷刻之间就消失在门洞的阴影中，原来大门这个十分有限的空间还可以在使用者手中这样运用自如。生活在这样的山地聚落，整天爬上爬下视为平地，就连七八十岁的老人也身手矫健，不等将老人纳进镜头，她就不见了踪影。这是长期居住于这种环境的结果，这也是我们现代的居住环境所不能给予的。

霍尔（Edward T. Hall）曾经在《隐藏的尺度》中谈及两个人说话时双方都觉得自己是站在以自我为圆心的圆圈中而与对方保持距离，人们的安全区域似乎是以一定距离为半径，以自我为球心的球体空间，似乎有些像科幻电影中飞船之类东西的保护罩。当我们一进入他人的该区域之内，必然会受到排斥。入户口也是如此，它有一定的延展空间，这个十分有限的空间虽然从物质实体的角度讲，已经超出了入户口的范围，但它仍有"我家门前"的辐射力。在霍尔的另一部著作《看不见的向量》中，人与人之间保持的空间距离分为四种：①亲密的距离；②个人空间的距离；③社交距离；④公共距离。其中个人空间的距离保持在450至1220毫米，社交距离是1220至3660毫米。当然这一调查结论的基础人群是北美社会的白人中产阶级，但对于我们仍然是有参考价值的。在这里，可以进行社交活动的区域就是从入户口的踏步或者上方突出的檐部开始到街道的宽度，从入户口的踏步或者上方突出的檐部开始到户内就是个人空间了。鉴于上述个人空间距离和社交距离，不很熟悉的人一般站在门前或者门边攀谈几句就走了，很少有人踏

上台阶进入个人空间。

聚落中的岔路口是对各条道路进行结构转换和流线组织的空间，具有连接和转换的功能，很多情况下它们是"错位"的，是"非正交"的，这是建筑实体较规则与外部流线较自由相冲突的表现，这种自发形成产生了较强的场所识别感和较强的导入感受，而垂直正交的岔路口多显得紧张不安。聚落中的岔路口，其实质多是街道空间的放大，这种放大使一些岔路口从街道空间中独立出来，它们是一个自发性活动的舞台；是"看"与"被看"的主要场所，是一个充当行为主角的场所；是与街坊邻里交往交流的场所；是发表观点和传播新闻的场所；是与聚落和环境建立内在联系的场所；是富有创造性体验的场所。尽管这些岔路口基本上属于自然形成，阴角空间并不是很多，所形成的空间的闭合感和亲切感也稍差，却仍能引起人们驻留的感受，这是因为聚落中的岔路口从空间上不仅被铺地、树木等元素多次界定，而且它与城市交叉路口相比，从某种意义上更具有主动性，是居民了解这个规模有限的自身居住体的有效途径，更具有潜在的防御意识，所以它在一定程度上能引起人们驻留的感受。

聚落通过一些标志物来界定街道领域、或者作为街道上一些记忆的点，让行人将整个街道联系起来（图11）。正是这一个个街道上的标志物，作为一个个记忆的点，行人无意中就将各个标志点联系起来，同时也就将自己对街道的片段式印象联系了起来。这一点很重要，尤其是对于像笔者这样的访客，当你在街道中行走时，这些标志物会对你的行动起引导作用。一边行走，一边浏览，一边加深了记忆，在从一个标志物走向另一个标志物的同时，我们对整个路线有了整体印象。

图11　河北井陉当泉村街道标志物——贞节牌楼

总的来说，街道空间对人们的行为具有一定意义上的引导作用。前面已经讲过了，标志物的设置会对人的行为有引导作用。其实不仅是标志物，一些街道上的建筑要素，甚至阴影变化、材质对比都会引起人们的注意。当人们在街道当中行走的时候，其行为本身就已经被街道这一线性空间限定为线性轨迹。人们在移动时，习惯性地寻找视线上的目标，熟悉聚落的人也会在心理上形成多个路线目标并向其移动，之后又向下一个街道要素或者标志物靠近，从而完成整个行为。此外，民俗活动中的"游"也是一种线性行为，主要也是受到街道这一因素的限制。这一线性活动直到一处较大的场地才终止。

传统聚落的街道在尺度上尊重步行局限，所以街道还成为公共交往的场所。人们在户外停留时间的长短意味着居住环境和传统聚落街道空间的活跃程度。传统聚落以尺度、线性设计集中了人、事于街巷，促进了步行交通和人在户外的停留。传统聚落的街道，由民居聚合而成，充满了人情味，充分体现了"场所感"，是一种人性空间。这种空间的尺度是以人的交往为目的，是人心灵的体验。后现代主义不就是要挽回一点感性，找到一点人性吗？现代城市却恰恰相反，大尺度的距离将人、人之间、人事之间的距离加大了。重视人的居住公共空间就是要创造适宜的交往场所。从传统的街巷与现在的街道相比可以看出交往的差异。

传统聚落的街道是居民们的"公共客厅"，在炎热的夏季，这里有凉爽的"穿堂风"，居民们喜欢在巷道里晾晒、乘凉、下棋、聊天（图12）。街巷相交的"节点空间"更是人们聚集休憩的好地方，几棵老树下，三五成群，泡一杯浓茶，摆开棋盘对杀几局，或聊聊天，任凭小孩们在一边嬉戏玩耍，构成一幅在高密度城市中心不可多得的生活画面。居住的拥挤和气候的炎热在这里得到了有效的缓解。街道也是信息的媒介，人们喜欢在相遇时，互通有无，增加见闻。传统聚落的街道空间是居住环境的扩展和延伸，它虽然是各家各户的外墙，但体现了"空间多于立面的形式"[5]，并且与公共空间交融，是最理想的交往空间，是居民们最依赖的行为场所。

图12　于家村的街道是居民们的"公共客厅"

参考文献:

［1］朱岸林. 传统聚落建筑的审美文化特征及其现实意义［J］. 华南理工大学学报（社会科学版），2005（03）：27–30.

［2］单德启. 从传统民居到地区建筑［M］. 北京：中国建材工业出版社，2004：4.

［3］（美）阿尔伯特. 大众行为与公园设计［M］. 王求是，高峰，译. 北京：中国建筑工业出版社，1990：8.

［4］Jane Jacobs. The Death and Life of American Cities［M］. Random House, 1961.

［5］沙尔霍恩·施马沙伊特. 城市设计基本原理——空间·建筑·城市［M］. 上海：上海人民美术出版社，2005.

［6］陶曼晴. 传统村镇外部空间的界面研究［D］. 重庆：重庆大学，2003.

［7］业祖润. 北京古山村——爨底下［M］. 北京：中国建筑工业出版社，1999.

华北传统聚落中场地空间的二维形态探究

彭鹏　周官武　封文娜

1. 基本概念、背景及研究例证

1.1　聚落概念及研究地域

广义的聚落包括乡村和城镇两个基本类型，狭义的聚落仅指乡村聚落。本文所指的是后者。从学术的角度讲，它是"学术范畴的建筑集团又具有小农经济体制下基层社会机制概念"，是"由居住的自然环境、建筑实体和具有特定社会文化习俗的人所构成的有机整合体"[1]。

本文以位于河北、山东、北京的三个有代表性的聚落为案例，它们分别是于家村[①]、朱家峪[②]和爨底下[③]。内蒙古与山西两地暂不列入本文研究范围。内蒙古自治区除了在历史、社会、文化上有巨大差异之外，聚落类型和建筑类型也有所不同。山西在地势上隶属一个独立的地理单元，其文化极具特点，独树一帜，理当作为个案研究。

1.2　场地的概念

芦原义信认为，作为名副其实的广场应该具备以下四个条件："第一，广场的边界线清楚，能成为'图形'，此外界线最好是建筑的外墙，而不是单纯遮挡视线的围墙；第二，具有良好的封闭空间的'阴角'容易构成'图形'；第三，铺装面直到边界空间，领域明确；第四，周围的建筑具有某种统一和协调，D/H有良好的比例。"[2]根据芦原义信的定义，笔者所调研的场地有些能称为广场，有些则不能。一些场地没有阴角空间，或者边界空间没有铺装，或者干脆就是土地面，有些几个条件都没有，所以笔者姑且称之为场地。这也符合人们的惯常思维，认为广场相对于城市或者至少是城镇而言，规模较大；场地相对于乡村聚落而言，规模有限。

1.3　研究的例证

本文研究的例证包括：河北于家村的观音阁场地、大王庙真武庙场地、于家村入口场地；山东朱家峪的戏台场地、鹿回头场地（场地的主角是一棵形似鹿回头的古槐）和赵家入口场地；北京爨底下的石磨五道庙场地、西井场地和两棵树场地。场地的名称多以场地上的标志物或主要的功能而命名。

为了便于理解，笔者将这九块场地分成两种大的类型，即文化性场地和功能性场地。所谓的文化性场地就是以宗教、祭祀、信仰崇拜、精神获取、市俗娱乐等为主要功能的场地，它们背后都承载着深刻的地域文化；所谓的功能性场地，即以物质获取、满足生活需求为主要功能的场地类型。

在本文的例证中，河北于家村观音阁场地、大王庙真武庙场地，山东朱家峪的戏台场地都明显属于文化性场地类型。此外，存在于树周围的场地，如山东朱家峪的鹿回头场地，北京爨底下的两棵树场地，其功能较为综合，但也以风水、精神崇拜为主，所以也可归于文化性场地。存在于井、磨盘周围的场地，如爨底下的西井场地、石磨五道庙场地，具有明显的生活性质，以获取物质需要为主，所以应归为功能性场地。设置在村入口处、聚落内主姓人家领域的入口处的这类场地，如河北于家村入口场地、山东朱家峪赵家入口场地，它们都具有明显的交通性质和界定领域的功能，为方便生活需求所设，也属于功能性场地。

2. 场地的平面形态

就这类空地性质的空间而言，自古以来，经过人为规划而建成的大概只有宫廷广场。这种传统聚落中的场地空间，应宗教、贸易等需求自发而生，多是依照自然环境和风水观念日积月累自然生成。虽然场地的形成有很多自发和自然因素，但从建筑角度来讲，它的形态还是有很多建筑规律可寻的。

柯布西耶（Le Corbusier）曾经说过，立方体、圆锥、球、柱体以及金字塔都是光能显现出来的伟大原形，它们的图形看上去纯净、明确、可以把握。因此，它们是最美的形，最最美丽的形。可见，柯布西耶认为原形是最有力的形。

克里尔（R. Krier）也在《城市空间》中将形态多种多样的城市广场归纳为为正方形、圆形和三角形三个基本原形，以它们为基础通过变角度、取片段、做添加、组合、重叠或者混合、畸变等多种变化得到城市广场空间的不同类型。

本文所列举的场地空间的形态要比城市广场简单，也可以用原形来加以抽象。下面先来看一下笔者所调研的实例的形态特征，见表3。

表3 场地形态分析

场地名称 形态分析	河北于家村 观音阁场地	河北于家村 大王庙、真武庙 场地	河北于家村 村入口场地	山东朱家峪 戏台场地	山东朱家峪 鹿回头场地	山东朱家峪 赵家入口场地	北京爨底下 石磨、五道庙 场地	北京爨底下 西井场地	北京爨底下 两棵树场地
场地 形态									
抽象 原形									
变换 方法	原形	取片段	取片段	组合	取片段、组合	取片段	重叠、组合	组合、取片段	组合

从表3中我们可以看出，与寺庙、戏台相结合的场地（图13、图14、图16、图19）

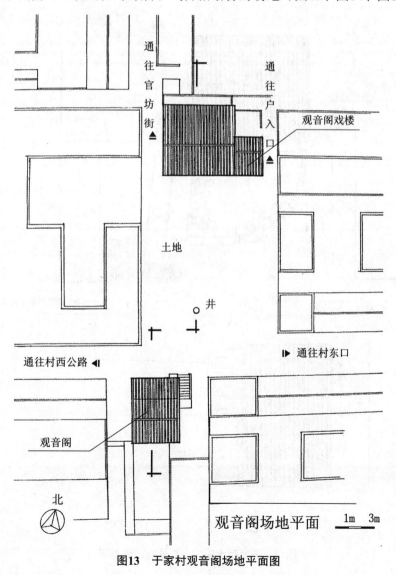

图13 于家村观音阁场地平面图

一般都有明确的领域，界面的界定一般都比较明确，有时四个界面皆全，形态大都明确而方正。井边的场地或者磨盘、磨坊周围的场地（图19、图20）有时形态规整，有时形式自由。与树结合的场地（图17、图21），因为华北地区主要是汉民族，对树并没有像有的少数民族那样特别重视[④]，所以树周围虽然也能形成活动的空地，但形态自由，围合界面不定。最后，这类具有交通性质的入口处场地（图15、图18），形态的规律就更加乏善可陈了，有时是一块小广场，有时基本没有明显的界线，比如村的入口处，有时在入口处有明显的标志物，如于家村的清凉阁（见图22），有时不知不觉已经入村，这样的村入口形态就比较模糊了，如北京的双石村。

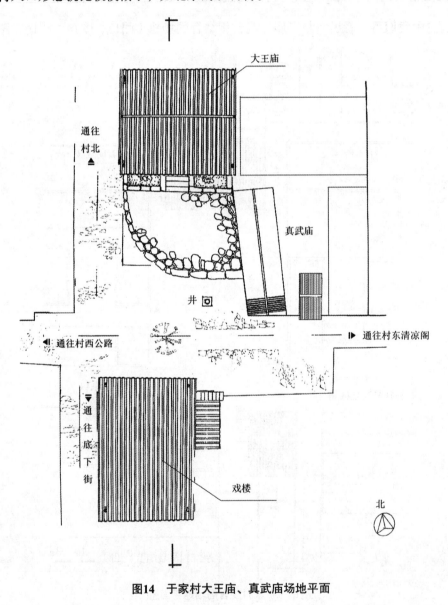

图14　于家村大王庙、真武庙场地平面

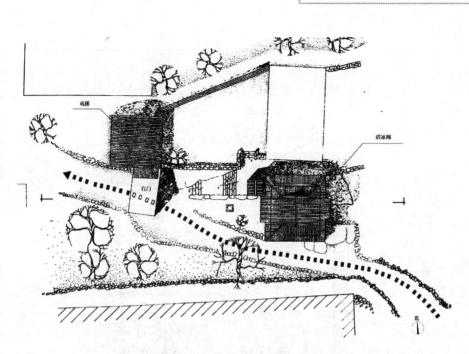

图15　于家村村入口场地平面

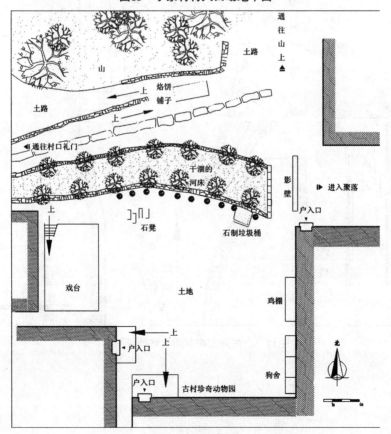

图16　山东朱家峪戏台场地平面图

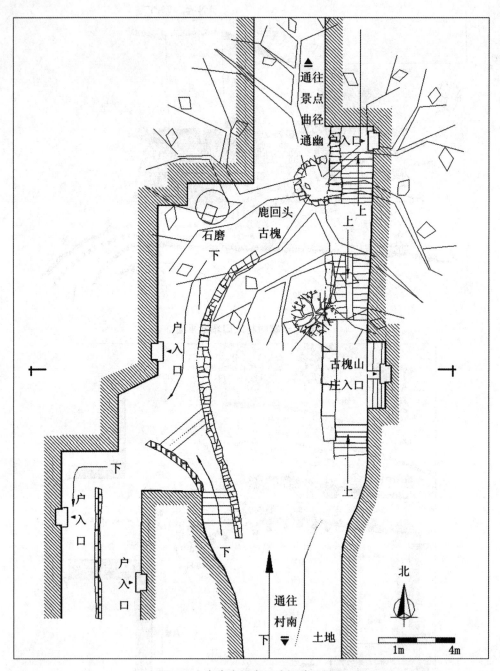

图17　山东朱家峪鹿回头场地平面图

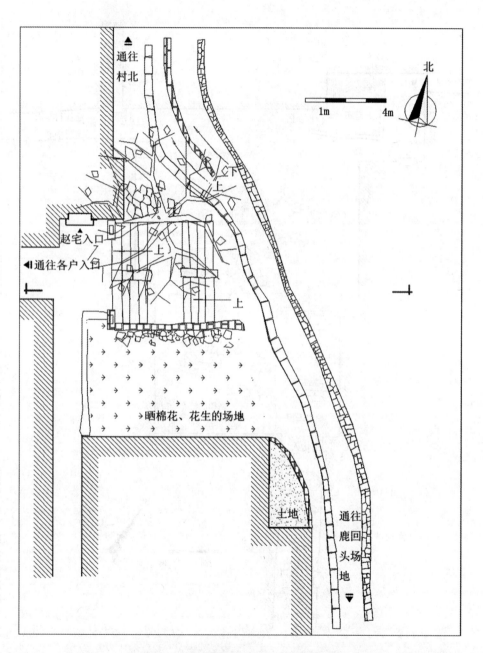

图18　山东朱家峪赵家入口场地平面图

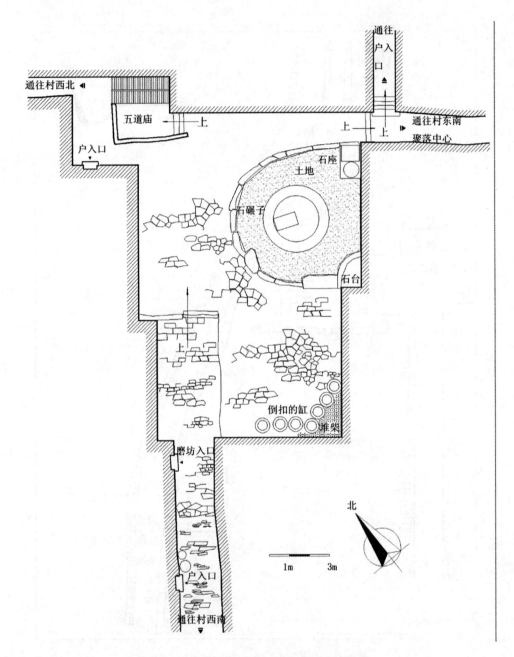

通往村西北

户入口

五道庙

上

通往户入口

上　　上　　通往村东南
聚落中心

石座

土地

石碾子

石台

上

倒扣的缸

堆柴

磨坊入口

户入口

北

1m　　3m

通往村西南

图19　北京爨底下石磨、五道庙场地平面图

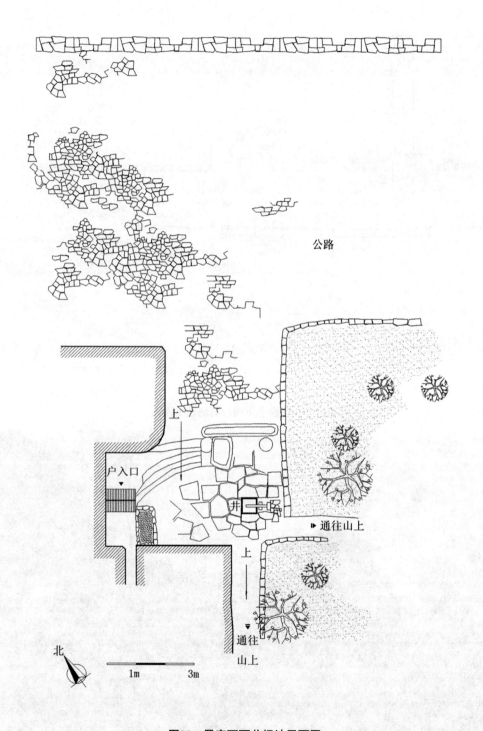

公路

上

户入口

井

通往山上

上

通往
山上

北

1m   3m

图20 爨底下西井场地平面图

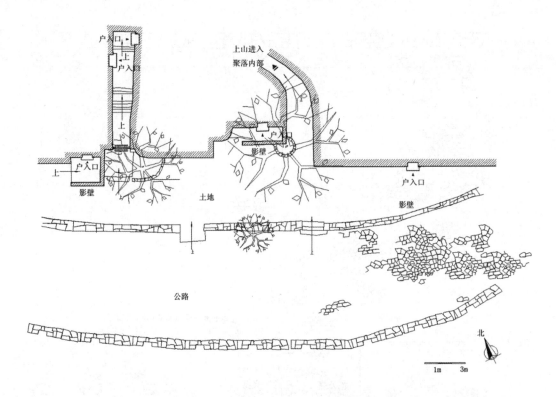

图21　北京爨底下两棵树场地平面图

图22　于家村清凉阁

通过对场地的原形抽象和变换方法可以看出，场地的形态原形基本为矩形。矩形这种原形在城市广场中的运用也最为普遍。矩形拥有两长两短四条边，包含了一长一短两条轴线。一般情况下，长边的方向也就是主轴的方向，从这一点来说，矩形具有明确的轴向性，与正方形相比更赋动感。矩形是一种非常简单的形态，但"形态越简单，表现力就越强"[3]。同时，矩形和矩形间的变换方法也不过简单的几种，正是由于这种在原形选择和原形变换上的创作克制，使空间本身和空间行为成为感知的主角。总之，了然的场地形态对人的感知十分有利。

从具象的角度来说，华北山区传统聚落的场地空间，或者是街巷与建筑的围合空间，或者是街巷局部的扩张空间，或者是街巷交叉处的汇集空间。其形成一般是被动式的，是因地制宜的，有时甚至是利用剩余空间的结果，所以总的来说，虽占地面积大小不一，但一般面积不大，多为因地制宜地自发形成，形态灵活自由，界面的围合有时较完整，有时一面或者两面敞开，边界基本清晰。

3. 场地的立面形态——比例尺度

空间的尺度感是场地的重要评价标准之一。尺度感主要决定于场地的大小和周围建筑立面的高度与它们体量的结合。尺度过大有排斥性，过小有压抑感，尺度适中的场地则有较强的吸引力。一般情况下，场地应该提供给人们一种内聚、安全、亲切的环境为标准。

表4 场地D/H值

场地名称	场地主要界面的D/H值（约为）
河北于家村观音阁场地	2.5
河北于家村大王庙、真武庙场地	2.5
北京爨底下西井场地	2.2
山东朱家裕鹿回头场地	1.2
山东朱家裕赵家人口场地	2.3
河北于家村入口处场地	1.2

场地的面积一般不大，多为矩形和矩形的变体。关于长短边的关系，维特鲁威曾经说过，如果将长边分成三份，其中两份的长度应构成短边，即长宽比是3:2。"对矩形广场来讲，长短边的比例非常重要，他决定了广场空间的动感程度。但长短比不应大于3；一个正方形的广场可能显得过分安稳，过分狭长的广场则会引起不舒适。"[3]笔者所调研的场地虽然都不是规则的矩形，但形态主体都是矩形，其长短边比大都小

于3。

芦原义信在《外部空间设计》中得出的关于比例尺度的结论在这里依然适用⑤。所以，如果从广场的角度讲，D/H在1~3之间是广场视角、视距的最佳值。一般设计比较成功的广场都有如下比例关系：1≤D/H<2，L/D<3，其中L为广场的长度，D为广场的宽度，H为建筑物的高度。

下面来看一下笔者所调研的一部分场地的DH比。如表4所示，在华北山区的传统聚落中，场地的比例基本符合现代对城市城镇广场设计的要求，反过来，也可以为现代广场尺度失调提供一些借鉴。

场地的比例如上述，其尺度就要根据所处的环境而定了。聚落场地有聚落的尺度，小城镇广场有城镇的尺度，大中城市有大中城市的尺度。现在有很多城市广场都有尺度失调的情况，为了讲究排场，小城镇建设大广场，使城镇广场与小城镇亲切的尺度相违背，大中城市也有很多广场过于求大。而我们所调研的场地的尺度一般都不大。"根据人的生理、心理反应，如果两个人相距约1至2米的距离，可以产生亲切的感觉；两个人相距约12米，能看清对方的面部表情；相距25米，能认清对方是谁……"[4]，而这些聚落的场地尺度一般都在25米之内，有很好的心理安全氛围。

4. 结语

关于传统聚落中场地研究的文献十分稀有，尤其是对于北方的传统聚落而言更是如此。面对传统聚落的急速衰退，专业的研究更显得时不我待。

传统聚落中场地空间的二维形态研究主要包括了平面、立面（或者说是剖面）的形态研究，这都属于场地空间的结构层次研究。而结构层次不仅如此，还应包括三维的空间特征研究，如场地的空间围合特征、场地与街道的关系等。除结构层次研究之外，我们较少涉及建筑行为、生活模式、场所精神等场地空间背后的深层建筑意义，然而这正是关键点。但场地空间的二维形态研究是一切研究的初步基础，先认识其客观实有，才能在此基础上研究其背后的更深层建筑涵义，再加以借鉴。

注释：

① 河北井陉于家村"井陉县位于河北省西南部，于家村位于该县的中西部，总面积10平方千米。于家村原名白庙村，始建于明代成化年间（1486年）。现在的于家村东西长500多米，南北宽300多米，基本保持着明清时期的建筑风格和布局。村中现居住400多户，1 600多人，95%为于氏家族，是明代政治家、民族英雄于谦（1498—1557）

的后裔。于家村现为国家级民俗文化村，拥有明清石制窑洞式民居和完整的家谱文化。

② 北京爨底下村：爨底下村位于京西门头沟区斋堂镇，全村坐北朝南，依山而建，背山面阳，保存完整的四合院有76套，住房656间，结构严谨，错落有致。四合院整体精良，布局合理。爨底下村现为北京市文物保护单位。

③ 山东朱家峪：章丘市官庄乡朱家峪村，位于明水城东南5千米处，胡山东北脚下。朱家峪原名城角峪，后改名富山峪。朱氏于明洪武四年（1371）入村，因朱系国姓，与皇帝朱元璋同宗，遂将富山峪改名朱家峪。自明代至今，虽经600余年沧桑之变，但仍较完整地保留着原来的建筑格局。朱家峪大小古建筑近200处，大小石桥30余座，井泉20余处，庙宇10余处，被专家誉为"齐鲁第一古村·江北聚落标本"。

④ "树"在很多聚落里，从功能上讲，都有很重要的意义。"云南某些少数民族，如云南大理一带的白族、湘黔一带的苗族，他们分别崇拜不同的树木，村落常选择在有某种树的地方，并在其周围形成公共活动的场地，从而以广场和树作为村寨的标志和中心。"

⑤ D/H＝1，即垂直视角为45°时，可看清实体的细部，有一种内聚、安全感；D/H＝2，即垂直视角为27°时，可看清实体的整体，内聚向心不致产生排斥离散感；D/H＝3，即垂直视角为18°时，可看清实体与背景的关系，空间离散，围合感差；D/H>3时，即垂直视角低于18°，建筑物灰若隐若现，给人以空旷、迷失、荒漠的感觉。

参考文献：

[1]朱岸林.传统聚落建筑的审美文化特征及其现实意义[J].华南理工大学学报（社会科学版），2005（03）：27–30.

[2]芦原义信.街道的美学[M].尹培桐译.天津：百花文艺出版社，2008：8.

[3]蔡永洁.城市广场[M].南京：东南大学出版社，2006.

[4]齐康主编.城市建筑[M].南京：东南大学出版社，2001.

[5]彭一刚.传统村镇聚落景观分析[M].北京：中国建筑工业出版社，1994.

[6]芦原义信.外部空间设计[M].尹培桐，译.北京：中国建筑工业出版社，1985：3.

河北传统聚落中寺庙戏场浅析

彭鹏　刘华领

1. 引言

1.1　概况

在我国建筑学领域中，对传统聚落的研究是较为有限的。在现有的文献当中，大部分研究都集中在南方的传统聚落之上，对于北方的传统聚落是疏于关照的。而面对传统聚落的急速消失，作为建筑师，我们对其进行研究更显得迫切。寺庙戏场是河北传统聚落中外部空间最重要的组成部分之一，其自身和对其进行的研究工作都具有普遍和广泛的意义。

1.2　基本概念

1.2.1　聚落与传统聚落

广义的聚落包括乡村和城镇两个基本类型，狭义的聚落仅指乡村聚落，我们这里所指的是后者。从学术的角度讲，它是"学术范畴的建筑集团又具有小农经济体制下基层社会机制概念"，是"由居住的自然环境、建筑实体和具有特定社会文化习俗的人所构成的有机整合体"[1]。

这里的"传统聚落"当然包涵历史的因素。单德启先生在《从传统民居到地区建筑》中曾对"传统"有过定义，即"'传统'是指历代传承下来的具有本质性的模式、模型和准则的总和"[2]，值得我们借鉴。"传统聚落"与现代城镇、新农村是有所区别的。现代城镇与新农村的血缘、地缘关系极大削弱，缺乏宗族、宗法的制约，人与人内在的联系趋于松散，人们共同的生活习俗、行为模式甚至情感需求都相应简化。

1.2.2　戏场与寺庙戏场

戏曲被认为是中国传统具有各种舞台元素，以代言体方式呈现的表演艺术的统称。戏场可以看作是所有传统观演场所的统称，是承担戏曲艺术表达的主要表演场所。戏场包括会馆戏场、宫廷戏场、宅院戏场、城市戏场、寺庙戏场，等等。寺庙戏场是其中非常重要的一种，是寺庙和戏楼相结合的戏场形式，其起源之早，分布之广，影响之大都是戏场种类中罕有的。

本文所探讨的戏场是传统聚落中的寺庙戏场，是广场式的露天戏场，是外部空间中的场地形式，是特定情境下的特定产物。场地和街道是传统聚落外部空间最重要的两个组成部分，其中对于场地的研究，尤其是对于传统聚落中场地的研究是匮乏的。寺庙戏场是传统聚落各种场地中界面较为完整、形态较为规矩、功能较为完善，数量及分布较广的场地形式，它的建筑意义及背后的文化意义都值得我们深入探讨。本文的主要例证是河北于家村[①]和当泉村[②]中的寺庙戏场。

1.2.3　场地

本文主要从场地、建筑、文化等角度来探讨寺庙戏场。这里所说的场地与城市的广场有所差别。芦原义信曾经提出作为良好的广场空间应具备四个条件[③]，根据芦原义信的理解，这些聚落中的寺庙戏场并不能称之为广场，我们姑且称之为场地。聚落中的场地基本有文化性场地和功能性场地两种类型。所谓的文化性场地就是以宗教、祭祀、信仰崇拜、精神获取、世俗娱乐等为主要功能的场地，它们背后都承载着深刻的地域文化；所谓的功能性场地，即以物质获取、满足生活需求为主要功能的场地类型。寺庙戏场是文化性场地中最为重要的一种场地形式。

2. 从建筑角度看传统聚落中的寺庙戏场

2.1　寺庙戏场作为场地的性质

2.1.1　界面

图23、24是于家村观音阁戏场，这块场地的界面围合较为完整，其寺庙对戏楼的形式也较为典型。

南界面主要是由观音阁和一段民居围墙组成的。观音阁始建于清顺治四年，两层楼阁，坐南朝北，上砖下石，筒瓦重檐，上层观音庙，下层石洞门，洞为门洞，这是明清古道的出入口。观音阁是城门与神庙的型制的复合体。北界面是硬山屋顶，三开间屋身，高台基的戏楼。该场地的东西两个界面都是普通的民居围墙，高度上略低于观音阁和戏楼。

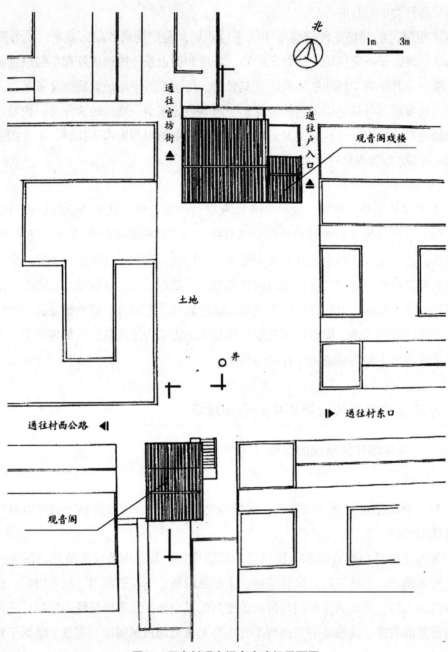

北

1m 3m

通往官坊街 ▲

通往户入口 ▲

观音阁戏楼

土地

井

通往村西公路 ◀

▶ 通往村东口

观音阁

图23 于家村观音阁寺庙戏场平面图

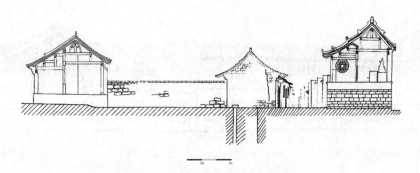

图24　于家村观音阁寺庙戏场剖面图

我们再来看一下于家村大王庙、真武庙戏场（图25、26），场地的北界面是大王庙立面与真武庙的入口。南界面是戏楼的立面和一段围墙，戏楼也是硬山屋顶，屋身三开间，还有观演建筑必需的高台基。东西两个界面只是普通的民居围墙。

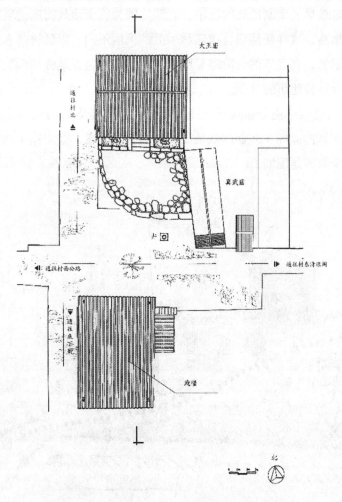

图25　于家村大王庙、真武庙寺庙戏场平面图

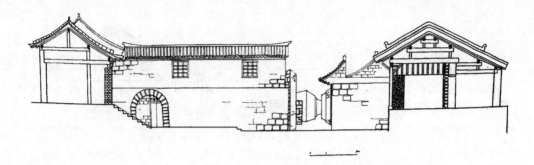

图26　于家村大王庙、真武庙寺庙戏场剖面图

大王庙建于清顺治年间。从立面上讲，大王庙是硬山屋顶、屋身三开间、石制台基将其高高抬起，在立面上占了近三分之一的高度。大王庙东侧是真武庙。真武庙始建于明嘉靖年间（1562—1567），是一座砖石结构庙院，建在高高的十五级石头台阶之上，是于家村建筑最早、型制最高的庙宇。真武庙因为临街而显得庙前空间拥挤，所以就砌筑台阶将其抬高，这样便使得真武庙与一般的民居不同，以低衬高来强化庙的主体地位。由于用地紧张，真武庙的台阶略显陡峭，但是却能更好地强调向上的轴线，营造一种庄严感，符合宗教建筑的气质。

于家村村入口处的这块寺庙戏场（图27、28）并不是寺庙与戏楼正对，但是处于清凉阁（此神庙叫做清凉阁）北面的戏场四个界面基本完整，其中除了戏楼本身和辅助用房外，其余两个界面是围墙。

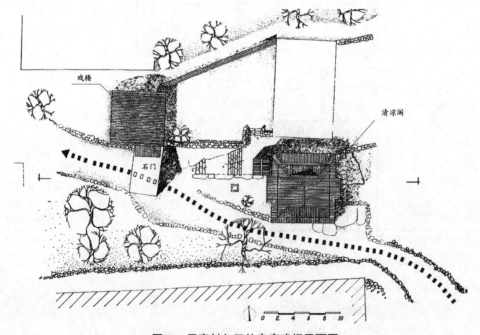

图27　于家村入口处寺庙戏场平面图

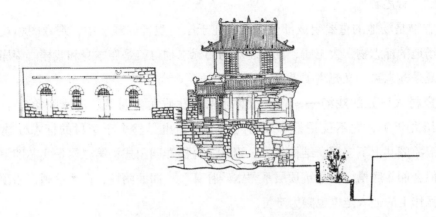

图28　于家村入口处寺庙戏场西界面

图29是当泉村入口处寺庙戏场，其型制与观音阁戏场颇为相似，只是除了神庙和戏楼两个界面之外并无其他界面限制，这也和它处于村入口有很大关系。

寺庙戏场的界面一般被看成是两维的元素，但有时也可以理解成三维的实体，这取决于界面构成元素的组织方式及其相互关系。从建筑角度来说，它的主要作用是围合场地空间，决定性地控制场地空间的封闭性；从心理角度来说，它是场地空间产生安全感的主要因素；从社会角度来说，它自身及其围合是场地行为的主要物质支撑。寺庙戏场的界面都较为完整，围合感较强，可以被认为是小型的聚落广场。

图29　当泉村入口处寺庙戏场

2.1.2　标志物

标志物是场地的重要组成部分。其实在于家村观音阁戏场中，观音阁和戏楼本身就是该场地的标志物，大王庙、真武庙戏场的标志物也就是庙本身和戏楼。寺庙和戏楼在这里既是标志物，又充当了界面。

于家村入口处的戏场——清凉阁的标志物性质尤为明显。清凉阁始建于1581年（明万历九年），它不仅是整个戏场的标志物，也是整个于家村的标志性建筑（图28）。清凉阁共上下三层，结构各异，第一层为搭券四门式；第二层是实芯四室式；第三层类似金厢斗底槽，该建筑顶层系"木砖补茸"，四面明柱，白墙壁画，屋顶为歇山型制，瓦作上的仙人走兽也颇为奇特。

所以，场地的标志物是从场地众多的建筑要素中选出的一个或者一些构筑物，它们在自身的体系中具有一些被记忆的成份。当人们作为场地中的观察者的同时，它们是一些有助于标识或者参考的点。标志物的确定是较为相对的，可能并不是每块场地都有自己的标志物。但标志性确实是寺庙戏场在聚落中的一种特性，标志物是场地的一个重要组成部分，同时还赋予了场地一定的性格气质。

2.1.3　比例尺度

空间的尺度感是场地的重要评价标准之一。尺度感主要决定于场地的大小和周围建筑立面的高度与它们体量的结合。尺度过大有排斥性，过小有压抑感，尺度适中的场地则有较强的吸引力。一般情况下，场地应该提供给人们一种内聚、安全、亲切的环境为标准。

寺庙戏场的面积一般不大，多为矩形和矩形的变体。关于长短边的关系，维特鲁威（M. Vitruvius Pollio）曾经说过，如果将长边分成三份，其中两份的长度应构成短边，即长宽比是3∶2。"对矩形广场来讲，长短边的比例非常重要，他决定了广场空间的动感程度。但长短比不应大于3；一个正方形的广场可能显得过分安稳，过分狭长的广场则会引起不舒适。"[3] 我们所调研的寺庙戏场虽然不十分规则，但形态原型基本都是矩形，其长短边比大都小于3。

芦原义信在《外部空间设计》中得出的关于比例尺度的结论在这里依然适用④。如果从广场的角度讲，D/H在1至3之间是广场视角、视距的最佳值。一般设计比较成功的广场都有如下比例关系：1≤D/H<2，L/D<3（L为广场的长度，D为广场的宽度，H为建筑物的高度）。观音阁戏场和大王庙、真武庙戏场约为2.6和1.7左右，清凉阁戏场约为2.5。

河北传统聚落寺庙戏场的尺度一般都不大。"根据人的生理、心理反应，如果两个人相距约1至2米的距离，可以产生亲切的感觉；两个人相距约12米，能看清对方的面部表情；相距25米，能认清对方是谁……"[4]，而这些聚落的场地尺度一般都在25米之内，有很好的心理安全氛围。

2.1.4　寺庙戏场与街道的关系

场地作为传统聚落中的节结点，一般是街巷与建筑的围合空间，或者是街巷交叉处的汇集空间，或者是街巷局部的扩张空间。它们与街道的关系，实质上就是开口与场地的位置关系。

河北传统民俗具有很大的游走性，因此传统聚落中的场地必须要有一定的空间流动性来满足这一要求，这就需要场地既有围合的场所感，同时又有开放性。所以，河北传统聚落的场地，很多是有相当部分的界面向街道打开，围合感并不是很强，甚至缺乏阴角空间，寺庙戏场也不例外。与一些西方城市的广场有所不同，它们是基于功能的要求而成，没有政治广场的中轴线，也没有宗教广场的严肃氛围，一切归于自发与功能需求。

2.2　寺庙戏场的建筑

2.2.1　历史沿革

戏曲早期的表演基本是露野演出，多为平地。至汉代，有置帐棚而观百戏的，说明其建筑化的开始。到唐代，出现了乐棚、歌台等，观演建筑已初具雏形。宋金时期，除了露台作为重要的演出场所之外，还有四面镂空的亭式戏台出现。元代戏台已经较为成熟，有三面和一面观的戏台，明代继续发展，台面面积扩大，三开间形式增多。清代戏场全面繁荣，广泛普及，甚至出现观戏与餐饮的结合，如茶园戏场等。

我们所研究的寺庙戏场，除了需要戏曲艺术的成熟，还需要宗教的繁荣和寺庙的兴盛。寺庙作为我国古建筑类型中重要的一种，在数量上极为普及，即使在聚落中也是如此。李景汉20世纪30年代在对河北定县调查后写道："当时全县尚存庙宇……在453村内者857座"[5]，平均一个村内就有将近2座庙宇，可见华北地区聚落中庙宇建筑是极为普遍的。华北民众的泛神信仰也要求其相应数量的物质载体，并且在这些寺庙中，各路神仙常会聚一堂，供人膜拜。

至于戏楼与庙宇的结合，与戏曲的起源有很大关系。虽然现在学者们对于戏曲的起源还有众多说法，但"娱神说"仍有广泛影响，即戏曲起源于祭祀。既然是演给"神"看的，将戏场与寺庙结合布置是再自然不过的事情了。所以寺庙戏场在众多戏场类型中，也是起源较早的一种。

2.2.2　戏场建筑的特点

笔者所调研的戏场建筑大多建于清代，戏台的平面成长方形的居多，面阔多为三间。立面上，台基较高，主要是为了视线无遮挡，同时也增加了舞台的气势。三开间面阔以明间最大，而且明显大于次间，尽管我国古建筑有明间大于次间的传统，但戏台建筑尤为明显，这主要是为了增加表演区的有效面积。从寺庙戏场的剖面图上我们可以看出，清代戏台已经区分出前后台，实质上是划分了表演与附属空间，既分隔又紧密联系。从结构上来讲，戏台建筑较为独特的地方在于它较多应用移柱造和减柱造。很明显，这样做的目的就是为了增大表演区的面积。

2.2.3　声学手段

传统戏场建筑也通过一些手段来获得良好的音质效果。首先，清代的这种戏场建筑就比宋金时的亭式戏台多了几个面的声反射，从而获得了声学的支持。此外，藻井也能在一定程度上改善戏台的音质，因为它有利于声音的扩散和融合。戏台中常见的八字墙，能有效地反射演员的声音，它上面精美的雕饰也有利于声音的扩散。还有我们常说的"以瓮助音"，似乎相传甚广，但缺少实证。笔者调研的于家村大王庙、真武庙戏场，据说在建造戏场时，将地下挖空形成水窖，中空的地面更能使声音的反射增强，减小声音扩散，降低了声波能量的损失从而提高了声音效果，并且还可以及时调节水量来进行声音的控制。当然，这还需要科学试验的验证，以证明这些措施对戏场的声学效果是否能真正地产生实质性的影响。

3. 从文化角度看传统聚落中的寺庙戏场

3.1　寺庙戏场的文化浅析

前面已经提及戏曲的起源可能是祭祀奉神，可见戏曲有娱乐和祭祀神灵两重意义，这也引导了戏曲和宗教两种性质的建筑被结合使用。从戏曲文化来讲，除了基本的酬神功能之外，最重要的还是娱乐大众，而这就极大程度上为寺庙招揽了香火，增加了人气。从寺庙来讲，戏曲为之完成酬神工作的同时，它也为戏曲提供了很好的场地，使聚落居民听戏不仅仅是娱乐活动，同时还完成了心理上的酬神愿望。庙会是另一种推动寺庙戏场经久不衰的活动，在名义上酬神的同时，在寺庙戏场开展各种活动，聚集了人气，丰富了生活。直到民国时期，传统聚落中的寺庙戏场还极有活力的主要原因就是寺庙戏场已经成为聚落居民日常生活中重要的活动场地，它不仅是人们酬神的场所，更是聚落居民生活娱乐的中心。

所以，寺庙文化和戏曲文化都是聚落场地形成的重要原因，两种文化在相互促进，相互推动的同时，借助聚落场地这一建筑形式，在民间普及推广，深深植入了百姓的生活之中。

3.2 寺庙戏场与聚落居民的活动

聚落中的寺庙戏场除了举行祭祀活动、戏曲演出以外，也是平时聚落居民进行各种节日、庆典活动的重要场所。比如于家村，每逢过年、庙会等就会在戏台组织活动。其中村民最喜欢的就是"拉花"。"拉花"源于民间节日、庆典、拜神之时的街头广场花会，历史悠久、源远流长，早在唐代元和八年成书的《元和郡县志》就有记载。"拉花"的舞蹈柔中有刚，富有表现力[6]，直至今天仍是居民们喜闻乐见的娱乐形式。可见聚落中的寺庙戏场不仅是特定的祭祀、听戏场所，还经常成为整个聚落的文娱活动中心，是一定意义上的"聚落公共活动广场"。

3.3 并不发达的场地

说到广场与场地，我们脑海里浮现的首先是那些建筑史上的欧洲经典佳作。在欧洲，几乎所有的城市乃至村镇都设有广场，这些广场与教堂、公建紧密结合，被誉为"城市的户外客厅"。可见欧洲人把户外交往当成是自己生活极为重要的一部分。与之不同的是，中国人主"静"，安于内省，体现到日常生活中就是"深居简出"，关心小家有甚，对外部世界缺乏热情，即使亲戚朋友之间有很多往来，但这毕竟只限于一个较小的范围。人们在经营自己宅院的同时，对于公共场地的关心显然是缺乏的。在研究过程中，我们感觉到河北传统聚落中的寺庙戏场空间，不论型制规模还是其内容，都是疏于完善的，这也许是传统的文化意识和生活习惯所致。我们习惯在"内部"建立起井然的秩序，我们习惯以"家"为中心，在一座建筑内部或者建筑群内部保持秩序，对"外部"疏于关照。总之，我们的聚落寺庙戏场虽数量众多，普及而广泛，但作为一种建筑要素来说，并不发达。

4. 结语

传统聚落中的寺庙戏场空间是一种应时而生、应需而生的客观存在，从现代的角度来看，也许有些地方不够完善，但它是一种在特定环境下产生的建筑元素，并且广泛而普遍。这其中不仅包含了建筑合理性，还有文化的积淀和行为的自省。研究它的形式结构及背后的历史人文，对于深刻认识这一聚落建筑要素具有重要意义。

注释：

① 河北于家村：于家村位于河北井陉县的中西部，建于明代成化年间（1486

年），基本保持着明清时期的建筑风格和布局。村中95%为于氏家族，是明代政治家、民族英雄于谦（1498—1557）的后裔。于家村现为国家级民俗文化村。

② 当泉村：太行山脉的一个传统聚落，建于明弘治年间（1488—1505），迄今已有500年的历史。

③ 芦原义信认为，作为名副其实的广场应该具备以下四个条件：第一，广场的边界线清楚，能成为"图形"，此外界线最好是建筑的外墙，而不是单纯遮挡视线的围墙；第二，具有良好的封闭空间的"阴角"容易构成"图形"；第三，铺装面直到边界空间，领域明确；第四，周围的建筑具有某种统一和协调，D/H有良好的比例。

④ D/H＝1，即垂直视角为45°时，可看清实体的细部，有一种内聚、安全感；D/H＝2，即垂直视角为27°时，可看清实体的整体，内聚向心不致产生排斥离散感；D/H＝3，即垂直视角为18°时，可看清实体与背景的关系，空间离散，围合感差；D/H>3时，即垂直视角低于18°，建筑物灰若隐若现，给人以空旷、迷失、荒漠的感觉。

参考文献：

[1] 朱岸林. 传统聚落建筑的审美文化特征及其现实意义[J]. 华南理工大学学报（社会科学版），2005（03）：27–30.

[2] 蔡永洁. 城市广场[M]. 南京：东南大学出版社，2006.

[3] 齐康主编. 城市建筑[M]. 南京：东南大学出版社，2001.

[4] [美]杜赞奇. 文化、权力与国家——1900—1942年的华北农村[M]. 王福明，译. 南京：江苏人民出版社，2003.

[5] 魏雪琰. 河北井陉县于家村传统聚落初探[D]. 武汉：华中科技大学，2006.

基于空间句法理论的传统村落旅游产业发展优化策略探究

——以河北井陉小龙窝村为例

彭鹏　田传辉　胡文利

前　言

随着社会经济的发展，经济结构发生相对变化，给乡村带来较大冲击。由于部分乡村经济发展相对落后，大量农村人口涌向城市，致使乡村劳动力不足，经济发展减缓，久之形成恶性循环。而乡村中的传统村落因大量劳动力流失，有历史文化价值的建筑年久失修，导致最终拆除，传统村落以及传统村落中的传统文化逐渐消失殆尽[1]。为避免这种情况的继续，传统村落必须找到符合自身的发展方式。

1. 背景

党的十九大报告指出，乡村振兴战略是决胜全面建成小康社会、全面建设社会主义现代化国家的重大历史任务，是新时代"三农"工作的总抓手。2018年3月，国务院办公厅印发《关于促进全域旅游发展的指导意见》，乡村旅游受到了政府部门的关注[2, 8]。这一举措可以加快乡村产业结构转型，促进新开发，由单一的第一产业转变为第三产业；发扬乡村文化特色，挖掘乡村内在潜力，保护历史遗迹，避免乡村"千城一面"的现象；改善农村风貌，提升村民的生活品质，促进乡村经济发展[3]。乡村旅游成为乡村振兴的一个重要途径，而有着悠久历史文化的传统村落在发展旅游产业上具备得天独厚的优势，同时，而旅游业的发展又能带动人们对历史文化遗产的保护意识，二者相辅相成。

空间句法理论是1983年由英国学者比尔·希列尔（Bill Hillier）等人提出，是对真实世界中空间现象的研究，在此基础上解读人们空间活动的属性。其基本思想是对空间进行尺度划分和空间分割，在设计和分析中，搭建空间和经济、社会、人文的桥梁，给人一种全新大数据支撑的视觉感受，是一种新的描述建筑和城市空间模式的语言[4]。

而空间句法模型最大的优势之一就是运用各种参数对现场状况进行模拟,参数的含义与人的活动有密切关系。传统村落有少则百年,多则千年的历史,其通过村落的布局来传递独特的社会信息和文化信息,集体意识在此起了至关重要的作用,但同时又缺乏科学数据的支撑[5]。空间句法通过计算机语言的量化分析,将这些独特属性以可视化的形式表现出来并做出合理解释,为村落的规划设计提供了客观依据,为多目标比较提供了同一平台。本文相对于已有的相关研究突出变量数据的可视化,注重利用传统村落的实地调研数据,同时将两者进行结合,对传统村落的保护、发展和更新提出指导性建议。

2. 小龙窝村概况

2.1 区位条件

小龙窝村位于河北省石家庄市井陉县天长镇,地处晋冀交界处的太行山脉,四面环山(图30)。从山势走向看,极似九龙簇拥之地。村落距离石家庄市区约为60千米,行车时间约为一个小时;距离井陉县区约25千米,行车时间约为40分钟;距离天长镇约为7千米,行车时间约为10分钟。村落对外道路连接307国道,交通十分便利,适合城区居民假期自驾游。

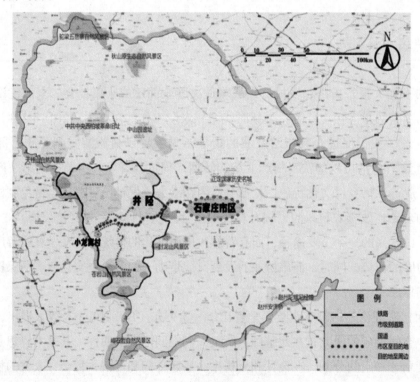

图30 小龙窝村区位分析

2.2　历史与文化

2012年小龙窝村入选中国第一批传统村落，2016年入选"中国历史文化名村"，堪称深山里的"乔家大院"。村落布局具有浓郁的传统北方山地村落特点。目前，小龙窝村中保存完整的明清时期的古院落众多，有与村委会相对的石楼群，有拾级而上方可到达的礓磋顶大院，有四院相连接的"田"字院等。在村落西侧有宋代的龙窝寺石窟，1993年被列为河北省重点文物保护单位，东侧靠近307国道的位置有两座已经修复的古桥。小龙窝村的非物质文化遗产以戏曲为主，还有井陉拉花、花脸社火等[6]。村中的戏台已经修复，位于主街道龙泉街并与宗祠相对。小龙窝村历史文化悠久，古建筑遗存众多，传统习俗特色丰富，极具发展旅游产业的潜力。

2.3　村落发展现状

据调查，小龙窝村现有住家约200户，人口为680多人，常住人口近400人[6]。小龙窝原在南侧山上建村，由于存在对外交通不便和人口增长问题，建筑由原先南侧山上发展到南侧山下和北侧山坡上，形成现在的村落布局。靠近国道位置多为较新建筑，南侧山上多为历史建筑。小龙窝村旅游业态不完善，虽然有已经建成的村委会大院（具有村落文化展示功能），但餐饮行业和文旅销售行业短缺，服务设施不齐全[7]。部分历史建筑权属村民个人，而村民长期在外务工，导致历史建筑最终破败。村中的街道由于生产生活的关系，主街道龙泉街环境较差，造成一定程度上的视线污染。307国道往来大型车辆较多，对环境造成了一定负面影响。上述问题将成为小龙窝村发展旅游产业的"绊脚石"。

3. 基础调研分析

为确保研究的全面性和客观性，前期首先对小龙窝村进行实地调研，分析小龙窝村的土地利用、建筑等情况，绘制相关图纸，提高对小龙窝村的全面认识，为后期的空间句法分析和策略优化提供坚实基础。

3.1　土地利用分析

了解小龙窝村土地利用情况，为村落保护和后期旅游用地建设提供参考和依据。小龙窝村东西最长约600多米，南北最宽约500多米，村庄面积约260 000平方米，如图31所示。房屋用地面积约70 000平方米，约占26.9%，其中历史文化建筑和遗产观赏区用地约9 000平方米，旧式住房用地约8 000平方米，新式住房用地约47 000平方米，服务功能建筑用地约4 000平方米。村庄中绿化用地约4 800平方米，约占1.8%，村中道路用地包括车行道路用地、步行道路用地和停车用地共约40 000平方米，约占15.3%，其他用地包括农业用地、市政用地、河沟区域、未利用荒地等约为135 000平方米，约占51.9%。从土地利用分析图中可以看出，村庄中专门的绿化用地面积占比重较小，应将村落中的未利用荒地部分转化为绿化用地，并应对小龙窝村现有干涸河沟地段进行绿化改造，以提升村落整体面貌。

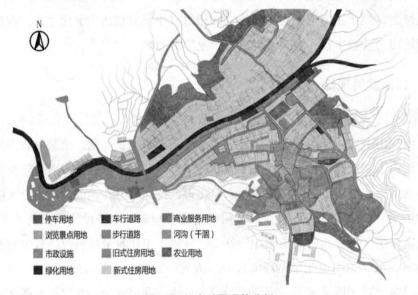

图31　土地利用现状分析

3.2　建筑分析

通过了解小龙窝村院落布局、历史文化建筑分布及建筑质量等情况，由浅入深，切实做到保护和发展并行，达到保护和发展小龙窝村的传统特色的原真性目的，以推动村落的旅游产业，使保护工作促进旅游发展，旅游发展巩固文保的推进。

在小龙窝村肌理构成中（图32），可以明显看出村落的院落布局情况及建筑实体和场地之间的关系。靠近307国道附近的院落规模较大，排布较为稀疏，且坐落有序。南侧坐落在山体中部区域的院落规模较小，且排布较为紧密，符合以山体趋势而布局院落的原则，也是老旧建筑和历史文化建筑分布密集的所在。依据小龙窝村建筑屋顶形式，将建筑形式分为平屋顶建筑和坡屋顶建筑两类（图33）。其建筑形式以靠崖式窑洞和独立式窑洞为主，多以山石为材料，以平屋顶为主，便于农作物的晾晒。小龙窝村中，老旧建筑多为坡屋顶形式，其中多数坡屋顶建筑为院落组团的主要房间及公共空间周边的重要公建。

笔者通过对村落建筑现状的调研,结合对当地村民和村委会有关资料及人员的询问,绘制小龙窝村建筑年代图(图34)。将建筑分为明代建筑、清代建筑、20世纪50年代建筑和80年代建筑四个部分。通过分析发现小龙窝村的成长历程,即以南侧山脉中部区域为始,以院落成组的形式向周边扩散,后期向山下和国道两侧发展。

建筑
院落

图32 村落肌理构成分析

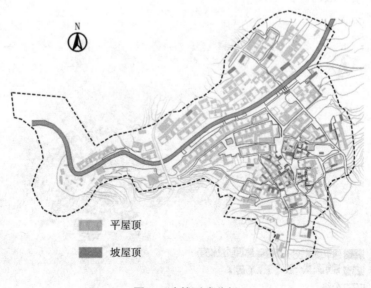

平屋顶
坡屋顶

图33 建筑形式分析

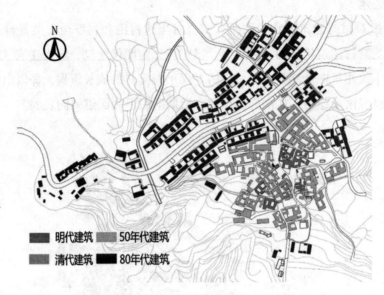

图34　建筑年代分析

　　为了更好进行村落建筑的保护和旅游开发的推进，笔者对小龙窝村建筑质量进行
了分析（图35），建筑质量分为较好、一般、较差和新砖房四类。其中新砖房建筑多分
布于307国道两侧，而其余三种分类大部分在307国道南侧，质量较差的建筑多为老旧建
筑而非历史文化建筑，由于其无人看管，导致年久失修而较为破败。历史文化建筑多为
质量较好和质量一般两类。

图35　建筑质量分析

　　为了保护和延续传统村落风貌，保持地方特色，笔者对村落建筑风貌进行了分析（图36）。考虑到建筑质量、年代等条件，将村落中的建筑风貌分为四个等级，其中建筑风貌一级多为历史文化建筑，且保存完整，年代也较为久远，建筑功能以参观和展览为主。建筑风貌二级为年代相对较近的历史文化建筑，近年经过翻新，建筑功能除供参观外，还有居住功能。建筑风貌三级为老旧建筑，有一定的历史文化价值，但部分保存现状较差。建筑风貌四级为新建筑，材料以砖石为主，外观仿古，室内空间布局脱离窑洞内部布局。

图36　建筑风貌分析

3.3　区域保护规划

　　通过对小龙窝村的土地利用和建筑进行分析之后，笔者在现状调研的基础上，进行村落保护的区域划分（图37），以便在保护和开发方面提供借鉴。规划将村落划分为三个区域，包括核心保护区、建设控制区和环境协调发展区。其中核心保护区划定面积约56 900平方米，是文化价值核心体现，区域内部建筑年代较早、空间布局相对完整，传统历史文化建筑和院落环境以及街巷空间都保存较为完整。建设控制区作为核心保护区的背景区域，能够对核心保护区起到底图作用，划分面积约110 000平方米，目的是为了延续传统村落历史建筑景观风貌，使建筑风格和环境特色有较为和谐的过渡。环境协调发展区主要是保护各类农业用地、植物以及山体景观，营造视觉观赏氛围。

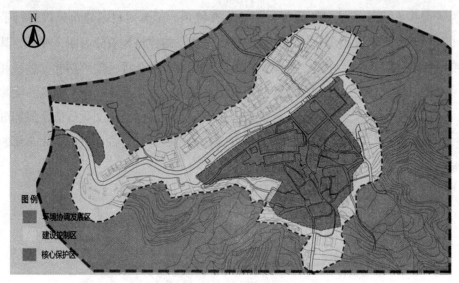

图例

环境协调发展区

建设控制区

核心保护区

图37　区域规划保护

4. 空间句法相关研究

我们将通过空间句法的轴线分析法对小龙窝村的街道空间进行分析。首先通过卫星地图描绘出村落的地形图，再在现场实地调研过程中对所描绘的地形图通过CAD软件进行内容上的细化。而后运用轴线分析法，将街道的关系转化为轴线关系，以轴线的形式导入空间句法软件depthmap中进行分析运算，程序会根据各个参数的高低对每一条轴线进行染色。各参数分析图的线段颜色按照红色—黄色—绿色—蓝色的退晕，其代表数值大小逐步递减。各个线段的颜色都有多种隐藏属性[8]。随后将depthmap输出的染色图与小龙窝村街道简图进行匹配，使每条街道的空间句法数据可视化，并列出小龙窝村主要空间节点量化表格（表5），为发现问题和提出建议提供数据参考。

表5　小龙窝村主要空间节点空间句法量化数据

街道空间编号	对应空间	整合度值	连接度值	平均深度值
1	三官庙	0.72	6	8.02
2	拟建服务中心	0.77	3	7.58
3	居委会、石楼群前广场	1.01	6	6.03
4	田字院	0.78	4	7.49
5	宗祠、戏台广场	0.97	3	6.27
6	广场	0.64	3	8.95

续表

街道空间编号	对应空间	整合度值	连接度值	平均深度值
7	尚武院	0.56	2	10.47
8	品字院	0.73	3	7.87
9	唐槐	0.42	2	13.00
10	礓磋顶大院	0.45	2	12.32
11	巨子院	0.68	2	8.51
12	拟建艺术家工作室位置	0.70	2	8.24
13	广场	0.54	2	10.36
14	餐馆	0.43	2	12.64

4.1　整合度

整合度又称集成度（Integration），表示系统中某一空间与其他空间聚集或者离散的程度，一般整合度数值高的空间，可达性较高。整合度衡量了一个空间吸引到达的交通潜力。整合度较高的空间，在传统村落空间中往往聚集了较多重要功能。参考小龙窝村主要空间节点量化表格（表5）和空间句法整合度分析（图38），在村落整体整合度布局中，龙泉街整体空间的数值是较大的，作为承载交通的主要街道，连接村落中其他特色街巷，如枣田巷、桥头巷、槐岭巷等。而在龙泉大街两侧存在较多历史文化建筑和公共建筑，如村委会（村里建设的展览馆）、石楼群、祠堂和戏台等。在空间句法理论中，整合度数值最高的那部分轴线（通常占整体整合度总值的10%）称为轴线系统的空间核心，往往充当重要的公共空间角色，具有较高的公共性和可达性[9]。其中村委会前广场空间整合度数值最大，数值约为1.01，在文旅布局中可以起到文化展览和村落景观导游问询的功能。但是小龙窝村现有业态中，公共餐饮区位于307国道旁，整合度数值约为0.43，距离村中心位置较远，对村中的游客提供服务的可能性较小，应该在整合度较高的位置设置餐饮服务区。购物相关产业设置于村口，整合度数值约为0.77，整合度数值较高，但主要销售种类以日用品为主，应增加商品的地方特色，打造地域特征鲜明的销售区。而龙窝寺石窟，作为省级保护文物，所处位置整合度数值较低，游客很难经村落徒步到达。同时，石窟与村落缺乏视线关系，应在游览路线起始点设置视觉导向。小龙窝村唐槐古树所处位置的空间整合度数值为0.42，数值相对较低，且在街道上存在视线遮挡，故应在礓磋顶大院街口处设置路线导引标志。

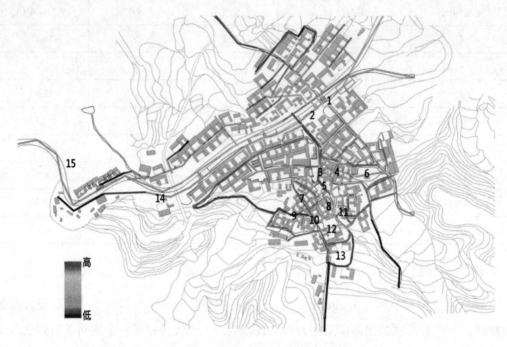

图38　空间句法整合度分析

4.2　连接度

　　连接度（Connectivity）是表示系统中某一个节点直接与其相连接的节点个数。村落中某个空间的连接度越高，则说明此空间与周围空间联系密切，对周围空间的影响力较强，空间渗透性较好。小龙窝村街道空间连接度分析图显示（图39），连接度数值较高的位置多为村落的路口空间和龙泉街道。龙泉街道连接度较高，证明龙泉街作为村庄主要干道，对周边空间的影响力较大，特别是图中位置3，连接度为6，数值最大，对各个街道的空间渗透性最强。在连接度较高的空间节点应布置文化景观或视觉焦点，增加视线的导向性，有助于提升村落内微环境的品质。

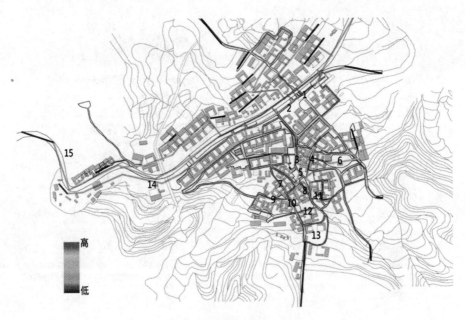

图39 空间句法连接度分析

4.3 平均深度

平均深度（Mean Depth），表示系统中某个节点到其他所有节点的最少步数的平均值。在村落中，平均深度高的空间多位于边缘地区的一些分支，这些区域的可达性不强，但是往往拥有较好的私密性，适宜居住。而平均深度数值较小的街道空间，通常是公共空间和公共建筑的位置。参照小龙窝村主要空间节点量化表格（表5）和街道空间平均深度图（图40）得出结果，村落的全局平均深度数值为约为9.42。由于平均深度值较低的空间，在村落中的可到达性较强，则说明游客在游览整个村落时，容易到达的位置较多，易于与村民生产和生活的场所产生交叉。小龙窝村在旅游发展上可注重村民与游客的交流互动，打造村落文化体验区、农耕田园体验区及农家乐等，丰富游客的感官体验。同时应积极引进投资，打造村庄中的民宿和艺术文化工作室（图40中12的位置）。该区域平均深度数值约为为8.24，游客较易到达，使村落在保留传统的基础上，引入现代元素，实现传统和现代的有机融合。

图40　空间句法平均深度分析

4.4　可理解度

　　可理解度（Intelligibility）是由depthmap软件对全局整合度和局部整合度的比值进行分析的结果（图41），代表在局部的范围内理解全局结构的能力。散点图左上角中R^2为拟合度，R^2数值越高，表示回归线预测散点图越准确，即可理解度越高，一般R^2数值在0.5以下，表明散点图横轴与纵轴不相关，可理解度较低；R^2数值在0.5以上，认为散点图横轴与纵轴相关可理解度越高[9]。小龙窝村散点图中R^2≈0.405，可见小龙窝村的可理解度较低，表明对于游客来说，局部空间的感知可以建立起对整个村落的空间理解，街巷环境的辨识度不高，村落的非核心空间难以辨识，街道空间呈现半幽闭状态[10,11]，游客在村落中容易迷失方向。这种情况的出现，主要有两个原因。首先，它符合山地建筑的空间布局，村落主要依附山势展开，与平原地区的村落差别较大；其次，作为传统村落，历史久远，为抵御外来者入侵，在村落布局上具有防御性的需要。对于这样的情况，宜在村落中增加指向标志，方便游客明确所在位置。特别是整合度较低的空间节点，应做好路线导向，以每个街巷中的历史文化建筑为起点，以点带面，充分表现各街巷的特点，增加街巷的可识别性。

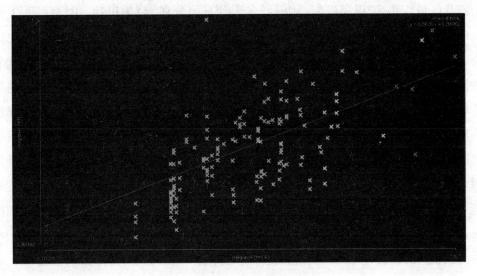

图41　空间句法可理解度散点图

5. 基于空间句法理论的旅游产业策略优化

根据空间句法对小龙窝村街道空间的分析，将道路分为3个层级[12]。第一层级道路为空间句法整合度图中红色轴线到黄色轴线部分，包含了主要核心道路、节点空间及村落的主要公共场所。它们是村落文化展示的主要窗口，公共性较强，游客活动较多。它们连接着村落中各个区域，是旅游的主要路线，有益于游客的导入及其对空间的认知。第二层级的道路为空间句法整合度图中黄色轴线到绿色轴线部分，为次要道路，多为游客观光区和村民生活区的过渡部分，也是次要的旅游路线。第三层级的道路为空间句法整合度图中绿色到蓝色部分，多为村民的生活区域，外来者不易察觉，为私密性较强的村落内部活动区。

依据上述道路层级关系和调研现状绘制小龙窝村旅游路线图（图42），并在图中标记各个历史文化建筑、古井石磨的位置及农耕体验区所在，为传统村落产业转型提供建议。首先，增强小龙窝村的旅游服务功能，将原有新建筑改造为游客服务中心，为第一层级道路（靠近村口处），是游览路线的开始，也为游客提供餐饮、住宿和特色商品购买服务。同时方便村民进行娱乐集会等活动，丰富村民的业余生活。其次，在第二层级道路上设置艺术家工作室，作为过渡区域，引入具有文化艺术展示功能的民宿风格建筑，增加小龙窝村的现代元素，给游客带来特色村落体验。最后，采取"一线带四面"的旅游规划（图43），以整合度最高的龙泉街为"一线"带动四片区域。街道两侧多以公共空间为主，将四个区域串联起来，同时发挥四个区域的不同特色。龙泉街道连接的四片区域均在307国道以南，由七个街巷组成，分别为A枣田巷、B榆坪巷、C西场巷、D桥南街、E西边巷、F槐岭路、G南边巷。A和B组成的区域为新建筑与历史建筑组合区域，地势由低到高，面积较大，视线开阔。区域内多为二级道路，可以开展农耕生活体验区，让游客体验不同种类的耕作劳动，结合农家乐，体验自给自足的农耕经济生活乐趣。C和F组成的区域内，多为二级街道，此区历史文化建筑居多，老旧建筑和废弃房屋多在此地。此区的建筑肌理较为密集，开敞空间较少，街道空间的视野由于山势的起伏层层阻隔。该区域需要视觉标志的引导，构建传统村落历史文化建筑参观区。同时，对老旧房屋进行修缮改造，并在图中位置"植入"艺术家工作室，增加现代建筑功能。D和E组成的区域为新建筑区域，主要承担农民的生产生活。此区域多为三级和二级街道，地势平坦，交通便利，以村民活动为主。G区为一个单独的区域，位于小龙窝村海拔较高的位置，以二级街道和三级街道为主。此区主要为村民的生活区域，地势开敞，村落全貌在此尽收眼底。该区域适合开展农耕体验区，发展农家乐和民宿。与AB组成的区域不同，该区域平均深度数值较高，整合度数值较低，人流量较少，环境较为安静。通过以上策略，不仅可以提升小龙窝村的整体风貌，还可以增进游客的游览体验，促进当地的文旅发展。

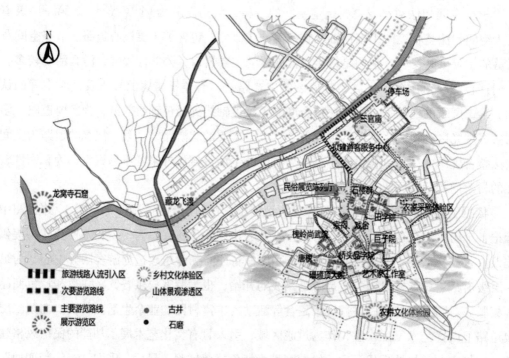

图42 小龙窝村旅游路线

街巷划分界限　　　规划分区

C 区域编号

规划轴线

图43　"一线带四面"旅游规划分区

6. 结语

　　传统村落小龙窝村有着悠久的历史和文化特色，但是目前村内经济产业形式过于单一。发展旅游经济对于小龙窝村而言是一条因地制宜、量体裁衣的有效途径。本文通过基础调研和空间句法理论对村落空间进行分析，依据量化结果给出客观建议，希望能突破传统规划设计的经验主义，将传统村落旅游业发展规划纳入量化范畴，为传统村落的保护和发展提供客观的参考建议，同时也为乡村振兴提供借鉴。

参考文献

[1] 王路. 村落的未来景象——传统村落的经验与当代聚落规划 [J].建筑学报, 2000 (11)：16-22.

[2] 张琰, 王希, 张晓东, 马启星.乡村振兴多模式初探——以井陉县全域旅游为例 [C].2019中国城市规划年会论文集, 2019：2116-2126.

[3] 陈驰, 李伯华, 袁佳利等. 基于空间句法的传统村落空间形态认知——以杭州市芹川村为例 [J].经济地理, 2018 (10)：234-240.

[4] 比尔·希列尔. 场所艺术与空间科学 [J].世界建筑, 2005 (11)：24-34.

[5] 张愚, 王建国. 再论"空间句法" [J].建筑师, 2004 (03)：33-44.

[6] 安月茹.传统村落保护与整治的公众参与评价研究——以井陉县小龙窝村为例 [D].石

家庄: 河北师范大学, 2018: 33-35.

[7]陈刚, 朱琦, 郑志元. 基于空间句法理论的屏山旅游业态优化研究[J].合肥工业大学学报(社会科学版), 2019(06): 62-65, 79.

[8]张楠, 姜秀娟, 黄金川, 刘慧. 基于句法分析的传统村落空间旅游规划研究——以河南省林州市西乡坪村为例[J].地域研究与开发, 2019(06): 111-115.

[9]深圳大学建筑研究所.空间句法简明教程[Z].深圳: 深圳大学, 2013: 85.

[10]王浩锋. 徽州传统村落的空间规划——公共建筑的聚集现象[J].建筑学报, 2008(04): 81-84.

[11]徐会, 张和生, 刘峰. 传统村落空间形态的句法研究初探——以南京市固城镇蒋山何家-吴家村为例[J].现代城市研究, 2016(01): 24-29.

[12]王静文, 韦伟, 毛义立. 桂北传统聚落公共空间之探讨——结合句法分析的公共空间解释[J].现代城市研究, 2017(11): 10-17.

基于聚落复兴的村域规划——以河北省丰宁县为例

彭鹏　丁琪轩

1. 前言

工业革命后期，中国同世界先进国家之间的差距在进一步拉大，其中，表现得最为明显之处，就是农业越来越显得后劲不足。我国农村人口基数大、乡村经济相对停滞、农民发展途径单一，已越来越成为乡村振兴的主要障碍。

在城市化进程迅速的今天，面临大城市的冲击，大部分中国乡村处于衰落状态，聚落复兴无从谈起，村域规划研究也就失去了价值。因此，本文意在从聚落复兴的角度出发，以乡村振兴的大政方针为指导，以村域规划为落脚点，以河北省丰宁县为例，探索一条适合在如今农村劳动力短缺、物质匮乏的现实条件下的乡村振兴之路。

2. 背景

在中国发展的历史上，对村域规划的研究始终未曾间断，政府、民间团体、宗教组织更是以不同的方式参与着。中国的村域规划可分为以下四个阶段，即传统村域建设阶段、近代村域建设阶段、改革开放前村域建设阶段和改革开放以来村域建设阶段[1]。经历了这四个阶段以后，中国村域规划经历了从传统到现代，从"大家族"主导到以政府引导为主的多样性阶段，是一场从闭塞到开放的演变（图43）。在这一演变过程中，政府以一种更为灵活的管理方式实现了引导村域发展，提高了村民自治水平。同时，村庄经历了从传统农业到现代农业的转型，这在国外的乡村规划发展中也有先例可循。

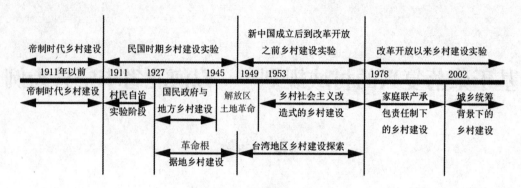

图43 中国乡村建设发展历程

20世纪30年代以来，西方发达国家开始在技术层面对乡村的传统经济进行了一系列改造，使乡村完成了传统农业到现代农业的转型，进而出现了三种不同模式的乡村聚落建设路径，即以东亚国家为代表的资源相对短缺型高价现代农业，以北美洲国家为代表的资源丰富型现代农业，以西欧为代表的自然资源短缺型效益农业（表6、表7）。

表6 东亚发达国家乡村发展与建设路径

地区	阶段特征			建设要点
日本	1955—1965年，村庄物质环境改造	1966—1975年，乡村传统农业结构调整	1979年以后，美丽乡村建设——"造村运动"	培育乡村的产业特色、人文魅力和内生动力，实现"一村一品"
韩国	1970—1980年，启动村庄产生基础设施建设	1981—1990年，改变农业结构，缩小城乡差距	1990年以来，推动城乡一体化，完善"新村运动"	政府低财政投入，农民自主建设，因地制宜，发展特色都市农业

表7 西欧发达国家乡村发展与建设经验

地区	建设基地	表现特征
德国	20世纪50年代，城市化水平达50%，传统乡村农业用地较为分散	20世纪50至60年代进行"农地整理"，实现农业现代化；20世纪70至80年代关注乡村聚落形态、传统建筑、交通道路、生态环境和地方文化；20世纪90年代以来，引入可持续发展理念，挖掘乡村文化、生态、旅游等方面的经济价值
荷兰	20世纪50年代城市化水平高达80%，城乡差距较小，城市人口外迁"都市乡村"	将土地整理、复垦与水资源管理等进行统一规划和整治，以提高农地利用效率；推进乡村经济的多样化、乡村旅游和休闲服务业的发展，改善乡村生活质量

由此可见，在城市化高度发展的西方及东亚发达国家，乡村建设的重点目标是：挖掘乡土文化潜力，发展当地经济，提高村民自治水平，进而提升聚落的发展动力和归属感。发展动力和归属感是促使乡村聚落走向复兴的基础。基于聚落复兴的村域规划也必定要从经济、文化、生态、村民自身等多个角度，用多元化的发展思路提升乡村聚落

的竞争力。

3. 聚落复兴与村域规划

从村域规划的发展历程看，乡村聚落未来的发展方向是多元化的，政府、村民及规划师也是各司其事。政府无疑是引导者，村民则扮演决策者和建设者，而规划师主要是沟通者，即一种以政策为指向，以规划为导引，以村民为主体的发展格局。而要走出适合我国国情的村域规划发展道路，就必须在现行体制下，与国家出台的一系列乡村政策举措紧密结合。以乡村的实际情况为背景和依托，确定规划设计的方向和原则，这样做出的村域规划才具有可操作性、稳定性和生命力。

基于聚落复兴的村域规划是以发展为目的，不同于其他村域规划。其所需要的是通过设计与经济的互通融合，达到聚落复兴的目的。以下（图44）是需要遵循的原则。

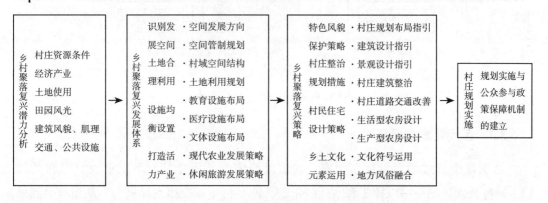

图44　基于聚落复兴的村域规划发展路径

3.1　选用合理产业

以合理的产业为出发点，既能合理规划源头产业，在产业发展形成一定规模时，再通过进一步的规划手段，促使外出务工人员返乡创业。最终，有效缓解农村劳动力短缺问题[2]。

3.2　"设计+经济"双重模式

对于乡村聚落复兴而言，发展经济是核心要务，规划设计必须站在既能为经济发展提供可能性，又能有效结合地域文化的角度上。因此，从实际出发，结合适宜的产业和地方文脉，用规划设计引导经济发展，走"经济+规划"的双重模式，才是乡村聚落复兴的可行性道路[3]（图45）。

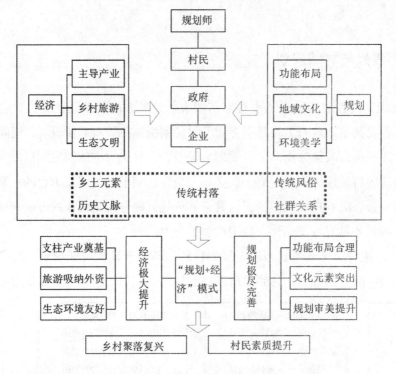

图45 经济+规划模式运行方式

3.3 多元化发展思路

对于逐步衰败的乡村聚落而言，发展某个方面并不能从根本上解决其存在的问题，通过合理规划——以视觉和空间的重塑，使乡村重新获得发展机会，从而吸引到外部的资本和劳动力进入乡村，形成一个良性循环，而要达到这种结果，单一的规划途径显然不能满足乡村聚落复兴的所有需求。因此，从更多的途径和领域出发，多管齐下，将乡村塑造成为多元化的发展集团[4]。

3.4 弱化单体建筑特点

乡村规划的重点不在于设计出让人耳目一新的建筑，而是强调建筑群的整体性和实用性。在此基础上，引入当地的地域文脉符号，为村域内的建筑增加文化内涵，以直观的形式将乡土文化反映在人们眼前，有助于增强居民的文化认同感，提升村民内在生产动力。

3.5 突出自然景观地位

聚落文化是从乡村生长的这片土壤中自然产生的。因此，村落自然景观是当地地域文脉之母，弱化乡村单体建筑，突显乡村自然景观地位，甚至将其放在乡村景观的首要位置，是地域文化体现的强有力保证。用大量的自然景观配合恰到好处的人工景观，突出自然和生态在村域景观中的重要作用。

3.6 强调自然生成肌理

聚落的复兴是有其历史规律可循的，村域规划必须顺应这些规律，而非一味地横加干涉，使聚落的发展方向偏离正常的发展轨迹。村域规划要利用并强调村域自然生长所形成的肌理，在此基础上可持续地对自然肌理进行发展和补充，这是突出体现地域特色的有效手段[5]。

4. 河北省丰宁县案例

在基于聚落复兴的村域规划原则指导下的项目落地过程中，需要政府干预、引导，统筹实施，以保障先期规划的顺利进行。可以说，基于聚落复兴的村域规划，具体表现在以规划设计的视角考虑国家大政方针的落地实施，用规划设计的方法保障国家政治目标的实现，令图纸上的方案最大程度具有可操作性和可持续性。笔者以河北省丰宁县五道营乡规划为例，探讨聚落复兴规划实施的可行性。

4.1 丰宁县背景

丰宁县五道营乡（图46）属于半湿润半干旱大陆性季风型高原山地气候，种植作物以玉米种植为主，多为一年生作物，亩产450公斤。人均占有耕地面积5亩，耕地面积以低缓丘陵地为主。配套设施较为薄弱，产量受气候等自然因素影响较大。五道营乡扶贫经济发展没有基本劳动力保障，经济发展模式较为单一，缺少创新型增长点，内生动力不足，缺少支柱型产业。

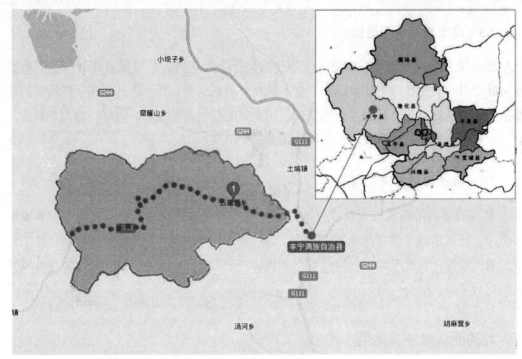

图46　五道营乡区位图

4.2　规划思路

　　贫困乡村的资源虽然比较丰富，但是有各种客观以及主观因素的限制，致使这些乡村没有形成一个良好的发展机制，同时，部分乡村在开发旅游产业的过程中，缺乏对产品的创新，导致部分项目比较陈旧，无法满足现代化市场经济的基本需求[6]。五道营乡存在劳动人口少、发展方式单一、规划发展欠缺等问题，究其根源，在于村域整体规划的缺失（图47），五道营乡为半湿润半干旱大陆性季风型高原山地气候，地处高纬度地区，发展农业作物经济产量低、局限性强，不可控因素较多，加之丘陵地区农业发展对劳动力数量需求较高，而劳动力缺失恰恰是五道营乡发展的掣肘，因此，种植业不应该成为五道营乡脱贫发展的主要产业。

　　探索一条中国乡村发展的振兴之路，需要我们将乡村的传统基因融入现代语境，重新找回当代中国乡村的重要价值所在[7]。丰宁县作为河北省环京津县之一，又是联系北京与内蒙古的重要通道，与内蒙古草原接壤，气候适合发展畜牧业。同时，丰宁又是首都地区重要的肉食品产地，市场前景良好，加之畜牧业对劳动力需求较少，符合五道营乡现况，因此，笔者设计将畜牧业列为村域规划的主导产业。在下一步的规划发展中，所有规划设计及政策都以畜牧业为原点，旅游产业和文化产业等协力配合推进，真正为五道营乡做出符合其自身脱贫发展规律，为实现这一区域的聚落复兴增添助力的规划设计。

4.3　规划设计

本次规划设计分为三个部分，以畜牧产业园区为主导，在此基础上发展生态牧场观光园，引入旅游产业园，以畜游结合的方式发展多种产业模式，巩固区域产业地位。同时，在此基础上深挖丰宁县地域文化与乡土景观，发扬地方文脉精神，重构自然景观和文化景观，在村域规划的框架下，最终形成一个多层次、宽领域的经济、文化发展格局[8]（图48）。

4.3.1　畜牧产业区规划

以乡村景观设计为出发点，整个牧场园区遍布牧草，仅在部分主干道路采用硬质铺装，90%以上的场地供牲畜放养，以营造出纯粹的贴近自然之感。在七道沟门村道路南侧从潮河直流引出一片水系，作为整个牧场的核心。在园区内穿插形式不一的各种景观小品，将放牧与游览结合起来，中间水系既可以作为牲畜饮水场，也可以作为市民游览的中心，进一步让游人亲近自然。牧场在观景效果好的地方设置观景场地，便于游览者在合适的角度欣赏到园区内自然的农业风光，避免设置一些刻意的景点或设施建筑。对于园区内有特色的旧建筑给予保留，对于新建的设施小品等采用本地自然材料，使之在用材协调统一的基础上实现新旧融合，保证了园区内原始农业风貌的延续。

图47 五道营乡现状图

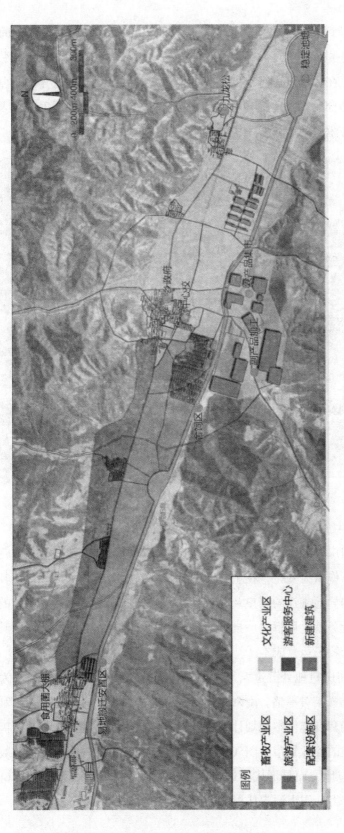

图48　五道营乡规划图

在五道营主村西南部安置牧场舍饲区，牧场舍饲计划建设130余间舍饲，可供13 000头以上肉牛及奶牛养殖。以舍饲和放牧结合，白天放牧，夜晚归舍，放牧和入舍的时间比控制在3∶2。在舍饲区进行定期检疫、护理、补料、刷拭、去角等日常管理工作，以放牧和圈养相结合的方式（图49），各自取长补短，联合推动提升肉牛及奶牛品质，真正让生态牧场在激烈的市场竞争中站稳脚跟。

图49　放牧与舍饲养殖结合

牧场以肉牛和奶牛放牧养殖为主，为进一步提高牧场效益，将牧场内部"空心村"南六道沟村和两间房村剩余农户以"异地搬迁"政策覆盖，将其迁往五道营主村。五道营主村原有形式不作重大变化，在主村西南部规划易地搬迁居民住区，使其临近牧场舍饲区，有利于吸纳异地搬迁的农户及其后续扶持产业。同时，五道营主村的贫困户也计划进入舍饲区就近务工，可解决一批有劳动能力的贫困户就业问题，帮助其提高就业率，增加收入，降低牧场运营成本。

南六道沟村和两间房村地处五道营周边山林较深位置，这一区域地势较为狭长，缺少耕地，但是村落位置相对平整。南六道沟村和两间房村村民搬迁之后，可利用两处村落基址，建设牧场配套设施。本规划计划在此处建设牧场办公区、乳制品及肉制品加工厂、基于农牧副产品的商业集市（图50）。以多途径的轻工业补充，使得牧场不仅仅将自身定位于原料供应地，而是形成自产自制自销加用户体验的一条龙服务链，成集团、成规模形成市场合力，作为源头从根本上促进五道营地区的经济发展。

图50　牧场产品售卖集市效果图

4.3.2 旅游产业区规划

以往的乡村旅游产业过分依赖旅游业，使得传统村落在经济利益的冲击之下一步步沦为旅游业的"陪衬"，一个个富有传统文化色彩和独特自然景观的乡村最终变成了千篇一律的"大卖场"，甚至使得这些村落的原住居民逐渐从之前的日常生产生活中剥离开来，完全成为所谓文化景区的附属，而失去了农家生活气息的旅游村，逐渐变成一个个精美包装的"商品"，在商业化大潮的快速更新换代中，迅速地被新的商品所淘汰。

本次规划设计并未将乡村旅游放在首要地位，乡村旅游不是空中楼阁，它需要强大的产业支撑才能发展壮大，即使是那些旅游资源丰富的地区，在发展初期，没有足够的农业产业支撑，仅仅依托乡村旅游带来的收益也不足以支撑其发展[9]。富有成效的乡村旅游规划必定是建立在乡村某一方面如经济、政治、文化等领域得到充分发展的基础之上。因此，本规划的重点在于以运用建筑、景观等设计手法为基础，着重考虑经济发展和原住居民的带动，而把乡村旅游放在次一级的位置上考虑。五道营乡乡村旅游的立足点在于体验与城市节奏截然不同的"乡村生活"，而非仅仅游览某个景点或者古迹。

基于此论点，本规划将五道营乡乡村旅游规划分为三个部分：畜牧旅游、古迹旅游和文化旅游。其中，以畜牧旅游为主导旅游产业，分为牧业经营体验区、休闲活动区和自然生态区。

牧业经营体验区分为牧区和大草坪活动区。牧区专供牛只牧放，并且设置了牛舍及储料舍，为了给游客提供触摸机会，在边缘步道设置了喂食平台，并以实木围篱。在此处，游客可以近距离观赏牛只的自然生活状态以及牛只的放牧、投食、清洗等一系列生产经营过程，并通过亲近动物体验丰宁地区乡村居民的生产生活状态，领略与日常城市生活不一样的风情。

4.3.3 文化产业区规划

在牧场及旅游区趋近完善之时，适时引入文化产业区的规划设计。文化产业区主要分为两部分——自然景观和人文景观。自然景观与旅游部分相结合，以古松九龙松为中心，环绕建立特色景观组团；文化景观配合村域整体规划，融入规划区的各个方位，以丰宁传统民间剪纸艺术为中心，辐射宣传整体丰宁地域文化及文脉传承。两种文化产业相互促进相互融合，将规划区的整体品格提升到丰宁原住民的精神层面。

以九龙松景区为例，由于九龙松历史久远，有关部门已将其以围墙形式围合保护。现采用传统景区买票入场参观的方式经营，此种经营方式有三种弊端：首先，九龙松虽奇，但高度较为低矮，采用围墙围合，树冠部分几乎全部被隐藏在围墙后方。本来九龙松靠近112国道，可以成为沿线一景。可这样的设置方式使普通游客很难察觉，使九龙松难以发挥吸引过往游客的作用。其次，九龙松为单体景观，游客买票入场，只能看到九龙松这一孤植，鲜有其他景观可供欣赏。门票性价比较低，进一步削减了游客数量。最后，九龙松之奇，主要来自于其背后的传说。而目前，九龙松的传说故事只能通过居民的口口相传及导游讲解两种途径获知，宣传模式单一，这使得九龙松无法在更大的范围内打响知名度，难以吸引潜在游客来访。即便是已来访的游客，旅游感受一般，难以形成自发的宣传动机，进一步影响九龙松景区的开发成效。

针对上述问题，九龙松景区规划采取以下方式：第一，拆除围墙，取消买票入场的经营方式。将九龙松及其周边面积定位为全开放式主题公园，将九龙松与112线国道之间的遮挡完全剔除，将其全貌展现于过往游客之前。合理规划景区入口，在九龙松南部设置停车场，游客从国道上被其吸引而来，便可就近停车。游人自人行入口步行进入景区，沿环绕九龙松一周的规划路线游览，最终通达九龙松。其间，利用系列景观小品配合特定标识，从源头讲述九龙松传说。景观设计理念选用故事中的一个特定场景为主题，影射当时的现况，将游客带入故事情境中。游客在置身其境的感受中，一边由远及近全方位观察九龙松之奇，一边对九龙松的背景传说逐步了然，最终行至九龙松树下，仿佛经历了一次洗礼一般。整个设计运用循序渐进的手法，最大程度地展现九龙松的外延及内涵（图51、图52）。

与此同时，充分利用四道营村建设九龙松景区的配套设施，并在村内随机设置与主景区同一风格的景观小品，进一步为游客讲述九龙松故事的内涵。同时，在四道营村的贫困户当中选聘九龙松景区管护员及维护村内景观"小品"的修缮工，就地解决一批四道营村的贫困户问题。

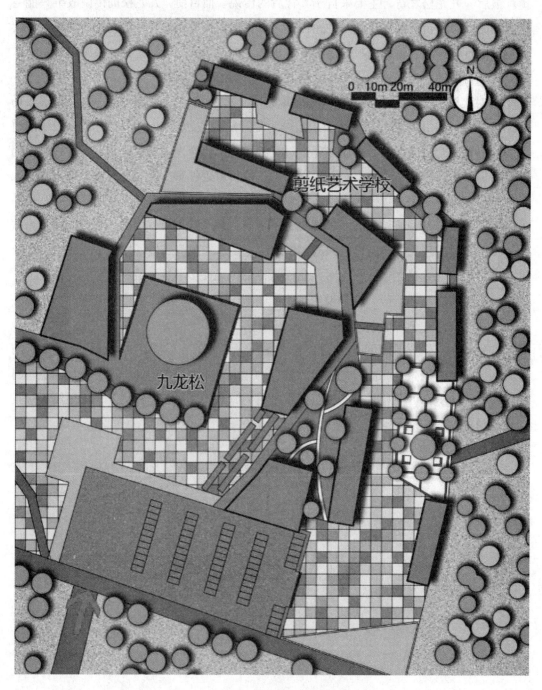

图51 九龙松景区规划图

图52 九龙松景区规划鸟瞰图

4.4 村域规划与贫困户利益的联结机制

旅游扶贫的根本目的，就是让村民走上一条可持续发展的脱贫致富道路，这不仅是经济问题，也是政治问题。从这个意义上讲，旅游扶贫需要完善以贫困户为主的利益分享机制，防止其在旅游的参与与收益的分享中被边缘化。政府应积极鼓励企业在实现经济效益的同时兼顾社会效益。通过设立旅游扶贫专项基金，改善贫困人口生活环境，加强对贫困人口的技能培训以提升其脱贫能力[10]。

丰宁县作为国家级深度贫困县，面临的两大基本问题是资金匮乏和人才流失，这两大问题也集中体现在五道营乡的村域规划过程中。因此，如何最大化地合理利用国家财政专项资金，如何最大化地利用现有仅存的劳动力就成了规划中的核心任务。所以，本设计杜绝大拆大建，不搞面子工程，对于现有的可利用资源奉行"拿来主义"，做到即插即用。同时，采用相对分散的管理模式，便于号召村民自发参与建设，形成"生活者即为经营者和管理者"的思路，有效节约人力资源。同时考虑到丰宁县根深蒂固的"安土重迁"思想，让贫困户在家中劳作，村内致富（图53）。

图6　贫困户利益联结机制图

4.4.1 就近吸纳有劳动力的贫困户就业

牧场区日常运营与贫困户联合，采用承包制的形式，拿出一定数量的牛只分包给贫困户，并作为牧场的原始本金。贫困户利用牧场的资源，负责牛只的日常管理。期间牛只生育牛犊所有权归属贫困户，在牛只出栏时，牧场只负责回收原始牛只作为牧场营利。贫困户由于自身劳动获得的牛只可由牧场帮助销售，并由牧场抽取一定额度的提成，形成互利合作的模式。贫困户帮助牧场解决人力资源短缺问题，牧场帮助贫困户解决生产资源不足问题。吸纳贫困户与牧场进行长期合作，帮助其增加一部分稳定的收入来源。牧场在特定的工作节点可雇佣村内相对低廉的劳动力进行短期工作，实现成本节约，同时可专心致力于牧场规划的掌控和市场的开拓。

对于有自主经营意愿的贫困户，可以享受国家专项资金补助，以低于市场价的价格从牛场购得牛只自行饲养，在出栏时借助牧场渠道售卖，进一步实现自身产业原始积累。

另外，牧场的轻工业加工区、食用菌基地可以吸纳当地的劳动力，按照政府的就业培训政策，培训出一批合格的车间员工。这些员工可直接签订合同、进入车间工作，实现贫困户在家门口就业的目标，帮助一批素质较高的贫困户实现家庭稳定增收。

对于旅游区、村内剪纸文化部门及村内景点的维护和管理，其人员问题可利用政府2018年设立的扶贫公益岗①，旅游区结合扶贫公益岗，通过与该部分人员签订补充合同的方式，以补贴形式使扶贫公益岗承担起分散单位的日常管理工作，这样一来，规划区只需选派很少的员工，就可以完成如此大面积区域的部分运营工作，同时，使收入相对较低的村内弱劳动力贫困户进一步实现增收[11]。

4.4.2　对于无劳动力的农户采用兜底政策

财政专项资金每年给予贫困户1.2万元的扶贫资金使用额度，旨在帮助贫困户自身发展产业，但是对于无劳动力和丧失劳动力的人口，此项扶贫资金面临失效。因此，本规划计划以政府的名义，与贫困户协商，利用无劳动力人口手中的资金，汇聚到一起，作为规划区启动资金的一部分。无劳动力的贫困户将以集体的名义成立合作社，整体入股到该牧场，以每年7%至9%的比例给所带动户进行分红，帮助其稳定脱贫。投入的专项资金期限为5年，到期之后，对带动户进行再分配，重新确定帮扶对象。

5. 结语

在乡村旅游业发展、建设过程中，诸多方面的问题逐渐显露出来。在有着良好的生态环境，但工商业发展水平相对落后的农村，发展旅游产业能转变传统的经济模式，在加大农民收入、改善农民生活水平等方面都有着十分重要的作用。所以，在设计实施农村发展规划的过程中，以旅游产业为导向的同时，不仅要与村落的地形、地貌进行相应的结合，而且应充分利用乡村各方面资源，进行科学合理的规划，成就农村地区环境、生活模式等各方面的可持续发展。对于丰宁县的规划设计，我们试图尝试将其基础建立在深入了解村落具体情况和相应政策之上，不搞纸上谈兵和形式主义的花架子，希望使村域规划切实有效地发挥振兴聚落的指导作用。与以往的村域规划不同，我们的整体村域规划出于深入民情之后，是在其"保持自我"和"城市化"两个并行的进程中找到一个平衡点，是为丰宁的振兴建设提供切实可行的、可操作的落地思路，是为规模较大的、急于发展旅游产业的农村地区提供一个可参考借鉴的案例。

注释：

①扶贫公益岗：扶贫公益岗为贫困户直接与社会保障局签订合同，由财政每月发

给补贴，帮助村内弱劳动贫困户实现村内务工。公益岗的主要任务为承担村内卫生清扫工作，作用类似于城市的环卫工人。

参考文献：

[1]任蒙正.加快实施乡村振兴战略的思考[J].农村·农业·农民,2017(11):46-47.

[2]龚立新.乡村振兴战略视域下我国农业劳动力问题及其破解路径研究[J].信阳师范学院学报(哲学社会科学版),2018(05):42-47.

[3]李金苹,张玉钧,刘克锋,胡宝贵.中国乡村景观规划的思考[J].北京农学院学报,2007(03):52-56.

[4]崔东旭.村庄规划与住宅建设[M].济南:山东人民出版社,2006:102-104.

[5]王如松.城市生态调控方法[M].北京:气象出版社,2000:853-858.

[6]王旭丽.乡村旅游精准扶贫实现路径研究探析[J].度假旅游,2018(10):1-2.

[7]陈前虎.乡村规划与设计[M].北京:中国建筑工业出版社,2018:35-62.

[8]杨炯蠡,殷红梅.乡村旅游开发及规划实践[M].贵阳:贵州科技出版社,2007:16-19.

[9]刘玲,杨军.PPT战略下乡村旅游扶贫的机制与思考——以原中央苏区县为例[J].台湾农业探索,2018(05):3-4.

[10]许欢科,滕俊磊.乡村振兴战略背景下广西边境地区旅游扶贫研究——以大新县为例[J/OL].广西师范学院学报(哲学社会科学版),2018(12):2-5.

[11]王拥军.新中国的民政工作(六)[M].北京:学苑音像出版社,2004:598-610.

历史村落的保护与传承——多维多国的视角

彭鹏 高力强 宋恒玲

1. 前言

习近平总书记于2017年10月18日在中国共产党第十九次全国代表大会上的报告指出："文化是一个国家、一个民族的灵魂。文化兴国运兴，文化强民族强。……中国特色社会主义文化，源自于中华民族五千多年文明历史所孕育的中华优秀传统文化。"[1]而中华传统文化现存的最重要载体之一就是历史村落。历史村落是在自然状态下经过长时间的历史积淀所形成的人的意志与自然物质环境完美统一的聚居体，它不仅是传统文化的外在物质表现，更囊括了血缘、地缘、业缘、信仰、民俗、价值观念、生活模式和行为模式等重要的精神内涵和非物质文化遗产，所以对历史村落的保护与发展即是对传统文化的继承与发扬。在我国现有的约60万个村庄中，具有保护价值的约有5 000个，广泛分布于二十多个省和自治区[2]。其数目之大，覆盖面积之广，影响人群之多，可见这项工作的艰巨性和长远性。这一课题不仅在中国，在世界多国都已经得到了重视和共识，并已实践良久。笔者希望从具体措施等角度，进行多方面的多国比较，择优而选，进而根据我国的具体情况因地制宜地为历史村落发展建言献策。

2. 保护发展历史村落的意义

面对我国高速的城市化发展进程，面对资源聚集、人口单向流动、阶层分化的现实，如何处理历史村落的衰败、变迁及适应、发展甚至消亡的问题，是振兴历史村落工作的重中之重。习总书记在党的十九大报告中，在"贯彻新发展理念，建设现代化经济体系"一节中提出了"实施乡村振兴战略"。对于历史村落而言，如果我们只单纯实现了其经济的兴旺、收入的提高、生活的富裕，而忽视甚至遗失了其作为历史村落特有的精神内涵和文化价值，无异于历史村落的"伪复兴"。正如习总书记在报告中指出的："深入挖掘中华优秀传统文化蕴含的思想观念、人文精神、道德规范，结合时代要求继承创新，让中华文化展现出永久魅力和时代风采。"[3] 意即，如果丧失了这些非物质的宝贵文化遗产，会令历史村落在现代城市化进程中演进的可能性也同时丧失殆尽。另一方面，"在进入二十一世纪（2000年）时，我国自然村总数为363万个，到了2010年，总数锐减为271万个，十年内减少90万个自然村"[4]，如此惊人的速度，可见相关的研究及实践探索已经时不我待。

3. 保护发展历史村落的具体措施

3.1 村落保护的简要历史及制度建设

早在20世纪80年代，我国政府就出台了《文物保护法》，明确指出历史文化名城为不可移动文物。[5] 2002年，该法被重新修订，并进一步明确了历史文化村镇的定义。这标志着历史村落正式被立法保护。自2002年起至今，几乎每年都有相关保护政策、法律或评选制度出台，充分说明历史村落的保护和发展已受到国家层面的高度重视。中国历史文化名镇名村的审批由2003年第一批的22个，至2010年第五批的99个，总数达到了350个。其中历史文化名村的数量由2003年第一批的12个至2010年第五批的61个，总数达到了169个。其保护不仅有量上的增长，并且伴有保护意识的转变，保护对象已由纯物质形态的保存发展到文化精神的传承。这无疑是让历史村落走上可持续发展保护道路的较高阶段。英国作为近代史上最发达的资本主义国家之一，着手历史村落保护的时间更早。早在18世纪，英国乡绅贵族对山野田园便有着超乎寻常的热情，这当然也与中产阶级在当时政治上的失意有关，但可以肯定的是，除了国家和政府层面的制度建设和立法以外，英国民众确有一种对乡村景致向往与认同的浪漫情怀。在20世纪二三十年代，工业社会的代表性元素快速、大面积地冲斥乡村聚落，英国民众面对这种突如其来的情况，其反应时间相当短暂，并及时地传达到政府。"1926年，时任英国城镇规划委员会主席的帕特里克·艾伯克隆比爵士出版《英国的乡村保护》一书，对城市到郊区街道两侧带状发展出现的建筑群蔓延现象提出公开批评。"[6] 这一举动在当时可谓具有远见卓识。到了20世纪60年代，英国的"逆城市化"风潮已经较为普遍，城市人口回流乡村，促使政府对乡村建设问题更加重视。这一历史现象对正处于高速城市化的中国具有重要的研究参考价值。法国作为经济结构与我国较为相似的国家不得不提，第二次世界大战之前的法国农业也是小农经济占据相当比例，并且全国的人口比例也是农村人口居多。作为西方发达国家，法国在战后就经历了乡村城市化的洗礼，乡村人口锐减至之前的七分之一，伴随乡村人去楼空局面的是大批文物遗产和具有文化价值的单体、区域无人问津甚至消失。法国政府在20世纪80年代出台《地方分权法》和《建筑、城市和景观遗产保护区》制度。其中《地方分权法》的最大特点是将城市规划管理权和建筑审批权下放给地方。同时，政府还在20世纪90年代初推出了一系列经济优惠政策（如"房屋修缮项目可以得到减免税的优惠政策，而国家的补贴也取消了上限"[7]等），这些有关历史村落保护的制度不仅实现了保障的基本属性，还同时具有相当大的灵活度和经济吸引力，促使法国历史村落迅速复苏，至21世纪初，已有千余历史村落重生，如今已成为世界各国游人流连忘返的、重温欧洲古典文化的休闲圣地。

相比较而言，我国虽在近年出台了不少关于历史村落保护的法律法规，但仍无法全面涵盖和有力保护历史村落，传统聚落的衰败和缩减仍在继续。为了真正落实历史村落保护，我们还需要完全针对历史村落保护的专门性制度和专业的督查督导机构，以形成务实有效的长期机制。

3.2　结合旅游开发的村落保护

对历史村落进行旅游开发这一保护形式是当下最主流措施之一。其优势显而易见，不仅可以给历史村落带来丰厚的经济效益，提升当地的人气，并且在一定程度上实现了人口的"回流"。在现代化生活的影响下，历史村落不可能在原来完全封闭的状态下实现可持续发展。敞开大门，迎接新事物是大势所趋，但单纯依靠旅游开发来实现历史村落的复兴，其弊端颇多。历史村落是传统文化、道德、伦理等与自然完美合和的产物。旅游开发则加速了现代文明的介入，加速了对传统生活方式的冲击，加速了精神实质与物质现存之间的崩离。倘若失去了原本的村落文化，那么历史村落的物质遗产则沦为纯粹的"躯壳"和"摆设"，所以，在一定程度上恢复村落的日常生活才是真正意义上的聚落保护。大规模的旅游开发只促使了人口"回流"，却无助于村落生活方式的延展。很多案例是在原有村落旁另建新村，白天村民到原有村落服务游客，挣取利益，晚上回到新村享受现代生活。这一做法实质上掏空了传统乡村的存在基础，使聚落遗产沦为道具，每天上演的"舞台剧"随日落而人去楼空。维护村落的日常生活，实质上是维护传统的道德、伦理、血缘及人口结构。因为这些要素实质上是聚落面对现代化冲击时能保持自我又不断发展演变的坚实基础，是实质性存在所需的内在品格。上述表达并非全盘否定旅游开发这一保护形式。比如上述提到的法国及英国，也很大程度上依赖这一重要形式。法国的1 300多个历史村落承担了全年全国旅游人数的三分之二。但这些旅客并非大规模蜂拥而至，看一眼遗迹购买一些纪念品后就离开奔往下一个景点。他们通常是去享受假期，经过一段时间的生活感受，不仅领略历史村落的物质环境，同时也体验美好的乡村生活。换句话说，他们更主要是去体验生活，而不仅仅是参观游览。这种性质的旅游与我国常见的"乡村一日游"的根本区别在于其规模与效率。大规模高效率的旅游形式，其副作用显而易见，而这种小众式的体验游更加适合真正的历史村落。与此相仿，英国人本来就怀有乡野情操，2000年以来，又被各种营销活动所推高。"乡村徒步游""单车游"渐成时尚，不仅推动了历史村落的特色建设，同时又密切了城乡的往来。上述英法两国的旅游方式虽不同，但实质上都是小众性质的体验游，这本身除了给历史村落带来经济效益及人气，更重要的是在一定程度上支持和捉进了村落生活场景的恢复，是一种符合历史村落可持续发展实质的双赢模式。

3.3　村落保护的产业结构

上述提到的关于维护和恢复村落日常生活场景的议题，其主要目的是保证村落文化与物质形态的统一性。而实现这一议题的最关键途径是保证农业的主体地位。前文用一定数量的文字论述关于村落的旅游开发，是因为这一方式的普及和普遍性。但凡事利弊兼具、正反两面，旅游开发型村落保护具有明显的短板：旅游开发在一定程度上改变了村落居民的生活模式，或深或浅地破坏了原乡村生活与物质实体间的以农业为联系基础的实质意义。原来的历史村落"在与外界市场、国家政权发生联系以及受婚姻圈、灌溉系统等影响的同时，自身内部基本上形成经济上和社会文化上的自我满足的生活格局"[8]。因此历史村落保护的核心内容在于保护其生活空间的自足性。所以以农业为基本，以旅游、住宿、餐饮及具有当地特色的文创为辅助的经济模式才更具有普适性，使历史村落不受外来因素的牵制下也能自给自足。正如英国前首相约翰·梅杰在政府出台的《乡村发展白皮书》中所提到的那样——农村一直是一个生活的农村，并且应该继续这样保持。业态多元化的确是当前历史村落发展的方向，根据村落自身特点和环境特质，开发相应的辅助性产业无疑是振兴村落经济的可行途径。如德国的艾什卡恩村是其东南部巴登-符腾堡州的一个历史村落。[9]除农业以外，当地的气候及火山土的优势使其特别适宜葡萄的种植和葡萄酒的酿造。该村大力发展酿酒业，不仅注册了专属的葡萄酒品牌，还建立了相应的酒庄和生产合作社。如今不仅酒类商品远销海外，其日趋扩大的影响力还与旅游业形成了双向的良性刺激循环。再如日本的长生郡，不仅发展了具有公共菜园性质的农户区，同时还建设了野生动物湿地及中水处理系统，利用了村落自身环境特质及与城市距离较近的优势，建立了在城市中不可能实现的人居环境，全方位促进了与城市的多维联系，在提高经济收益的同时真正保持了村落自给自足的实质。

要实现历史村落现状的逆转与复兴，实现人口回流，只是经济的增长是不够的，因为农村人口流向城市的另一个主要原因是教育资源问题。法国科西嘉岛的加吉奥村曾走出一位建筑师泽维尔·路西奥尼（Xavier luccioni），他本人对这个生他养他的村庄怀有深厚的感情，学成之后回到当地建立了自己的建筑事务所，对村落内大小建筑进行了整饬及保护性改造，包括该村的小学等。目前，加吉奥村的小学已经由当初的临时规模成长为稳定的教育机构，有效地为人口"回流"提供了教育保障。

实现自给自足，不仅包括经济、教育，还包括养老等问题，并且不是短时间可以解决的，但有规划地逐步推进，其成效将是长期稳定的。

3.4 公众参与多主体共谋

历史村落的保护重在乡村文化的保护，而乡村文化的最重要基础就是乡村生活方式本身。农民是乡村生活的主体，因此聚落保护，不论以何种方式展开都不应缺少当地村民的支持与参与。历史村落保护所提倡的地域性差异和文化多元的表达，也是基于对当地自然环境、物质基础和生活方式的理解，而村落原住民作为无可争议的主角必然是决策与实施过程的主体之一。上文提到的法国《建筑、城市和景观遗产保护区》制度简称为"ZPPAUP"（Zone de protection du patrimoine architectural,urbain et paysager），特别注重当地居民的参与度。在村落规划小组成立之初，就由村镇议会和区长共同决定其人选。虽然成立之后的规划组中不乏建筑师、规划师、景观设计人员及人类文化学者，但当地村民从来都是其重要组成。在相关专业人员的指导下重新审视自己的家园，并参与指导文件的修整与落实，同时，专家学者也在村民的帮助下完成其专业分析。整个过程是一种各尽其职，发挥所长，互助互动的状态。上文提到的德国艾什卡恩村，其整个规划、设计、改建过程也是在极高的村民参与度下完成的。即使在步入正轨后，仍频繁举行研讨、集会等各种集体活动，其目的不仅在于提高村民的主人翁意识，还在于对各种决策达成共识，以维持村民对村庄发展的关注度和热情。在美国历史住区的复兴中，公众参与度更显得极为关键。20世纪40年代，新奥尔良市政府规划的一条穿越其重要历史街区——法国区（French Quarter）的高架快速路就在当地民众的极力反对声中被迫取消。在此事件中，公众意识明显高瞻远瞩于政府目光，这与美国对民众的历史区域保护意识的宣传与教育密不可分。同时，美国很多历史街区的修复都存在大量的"自力型"更新。原住民在大量志愿者的帮助下，不仅完成自家房屋的修葺，甚至还包括一些破坏程度较为严重的公共建筑，最有名的案例是新奥尔良市在20世纪末组织的"Christmas in October"活动。在这种活动中，政府和一些非政府保护机构提供制度性保障和部分财政的支持。

当然，原住民参与建设的同时不能离开专业人士的指导。我们的一些小城镇建设也曾采纳"农民意识"为主导。这种"边规划，边建设"的形态在短期内易见成效，但经不起时间的考验，如今很多地区在承受着建设无序、缺乏统一规划而导致的资源浪费、交通混乱、风貌不协调的后果和乱象。因此，多主体共谋是历史村落保护的妥善途径，不仅要发挥政府、研究单位、村民的主要作用和职能，还要积极发展文化产业，开拓市场潜力，激发企业、民间组织、非政府机构以及志愿者的参与。与许多西方国家相比，我国在社会文化遗产保护工作中，企业、民间组织、非政府机构及志愿者几种形式力量的利用还处于初级阶段。

4. 结语

西方发达国家的城市化进程大多走在我国之前，有一些成功的经验和失败的教训，以及在此过程中发生的一些必然现象，都值得我们参考借鉴。我国关于历史村落保护的立法已打下良好基础，但就目前而言，仍缺乏一部专门性的、对历史村落衰败切实有效并可控的针对性制度及相关的督检机构。旅游开发是历史村落在现实中求得生存发展的重要途径，但不是唯一选择。并且，规模有限的小众体验游更适合历史村落的保护和发展。同时宜辅以住宿、餐饮、生态体验及具有当地特色的文创等作为辅助的经济模式。在具体的村落保护工作中，应重视村民的积极作用，在"空心村"趋势下不仅可提高原住民的主人翁意识，更可切实提高规划保护的可操作性和可行性。当然，积极调动其他形式的社会力量也是我们值得借鉴的方式方法之一。

参考文献：

[1] 习近平. 决胜全面建成小康社会　夺取新时代中国特色社会主义伟大胜利——在中国共产党第十九次全国大表大会上的报告 [M]. 北京：人民出版社, 2017: 40–41.

[2] 李亚娟, 陈田, 王婧, 汪德根. 中国历史文化名村的时空分布特征及成因 [J]. 地理研究, 2013（08）: 1447–1485.

[3] 习近平. 决胜全面建成小康社会　夺取新时代中国特色社会主义伟大胜利——在中国共产党第十九次全国大表大会上的报告 [M]. 北京：人民出版社, 2017: 42.

[4] "加快公共文化服务体系建设研究"课题组. 城镇化进程中传统村落的保护与发展研究——基于中西部五省的实证调查 [J]. 社会主义研究, 2013（04）: 116–123.

[5] 邬艳丽. 我国传统村落保护制度的反思与创新 [J]. 现代城市研究, 2016（01）: 2–9.

[6] 李建军. 英国传统村落保护的核心理念及其实现机制 [J]. 中国农史, 2017（03）: 115–124, 72.

[7] 邵甬, 阿兰·马利诺斯. 法国"建筑、城市和景观遗产保护区"的特征与保护方法——兼论对中国历史文化名镇名村保护的借鉴 [J]. 国家城市规划, 2011（05）: 78–84.

[8] 张勃. 传统村落与乡愁的缓释——关于当前保护传统村落正当性和方法的思考 [J]. 民间文化论坛, 2015（02）: 15–24.

[9] 王祯, 杨贵庆. 培育乡村内生发展动力的实践及经验启示——以德国巴登-符腾堡Achkarren村为例 [J]. 城市研究, 2017（01）: 108–114.

领纳历史　回归传承

——继承传统在建筑设计教学中的具体化运用

彭　鹏

前　言

不论在任何行业，中国博大精深、源远流长的传统文化都为其提供了重要的精神资源，建筑行业更是如此。一个建筑作品只有基于深厚的传统文化背景下才能有持久的生命力。如何做有民族气质的建筑，或者说如何传承建筑传统文化，这是被时常提出的问题。确实，在全球化的大背景下，在经济高速发展的今天，我们更应该注意在建筑上保持中国传统文化的特有个性。看看我们今天的城市，表情单一，大同小异，自己特殊的文化品格和精神气质在国际化中泯灭。我们需要反映民族文化的建筑，这是改变城市面貌的基点，更是我们建筑设计教育的重要目标。而当今的大学生，从整体上来说，民族感情淡薄，审美情趣西化，国学知识匮乏，在这样的基础上很难设计出高水平、有层次的建筑作品。所以，我们作为高校的建筑教育者，除了传授专业知识和职业技能以外，培养学生的传统建筑文化素养显得尤为重要。这并不是个新课题，如中外建筑史等科目的辅助教育就起到了有效作用，但就具体的建筑设计教学来说，当前更多的是一些宣言式的方向指引，我们尤其缺乏具体的操作手段。笔者在建筑设计教学过程中，结合大学生的实际情况略提拙见，抛砖引玉，以承来者。

1. 建筑类型学的手法

我们传承传统建筑文化无非是从"形"和"神"两个方面入手。建筑类型学的手法是最行之有效的"形"的传承，而且它可以囊括所有类似的手法，包括所谓的"引喻""抽象"等。自从我们一提出"类型"开始，我们就已有了以传统建筑类型为基础的意念。因为传统建筑蕴含了大众的精神寄托和集体记忆，从这里我们可以找到久违的归宿。当然，还因为我们不至于以现代主义、后现代主义或早先的折衷建筑为基础寻求类型。

建筑类型学的手法，说起来是一种十分具象并易实际操作的手法。简单地说，他类似一种归类分组、演化生成的方法体系。即将"具有相似结构特征的形式归结分类，并在此过程中接纳并呈现特定的文化和人脑中的固有形象"[1]。最后的演化生成结果，可能只是该类型众多变体当中的一个，生成的同时就解决了统一与多样的矛盾冲突。因为同一类型可能产生多种形式变换，但由于该变换是在深层结构类似或不变的基础上产生的，所以其效应应是多样化中的协调。我们可以再具象地说，设计的初步就是将已选取的类型进行几何抽象简化。当然，这一原型必须具备普遍的历史意义，它应是特定文化背景下人们头脑中共有的固定形象。这种抽象简化后的类型元素可以直接运用到建筑处理上。但这只涉及到形式上的类型。在做一个建筑单体时，尤其是在做建筑群体时，我们还需要特别注意形式与形式之间的类型转换，即形式关系上的类型转换。形式关系相比形式本身要更加内在化，它是形式内在的逻辑基础，是实质性的存在关联。在做建筑单体时，如果只有形式本身的类型转换，那么最后作品则难逃"形式主义"及"肤浅直白"的论断。所以形式关系的类型学转换在某种意义上更重要，也更加接近建筑本质。如果遇到建筑群的处理，这一问题就更加不可回避了。

建筑类型学的手法绝不是简单的回归历史。在今天新的实际环境中，我们使用新的材料、新的技术、新的思想方法在新的文脉中尝试将这些特殊的历史成果片段重组。在新的环境下，运用传统的关系将之组织或是采用新的关系将之重新拼贴。这些尝试均以"激起人们对往昔生活和建筑片段的回忆而获成功"[1]。

实质上，很多建筑大师都经常采用这种手法。如贝聿铭，他在国内的作品，从早期的香山饭店到近期的苏州博物馆，显而易见，无不是采用类型学的手法，还包括日本滋贺县的美秀美术馆等。若说有什么不同，那只是抽象简化的程度不同而已。2008年为迎接奥运这一国际盛事而新建的北京奥林匹克中心区下沉花园，也极大程度上采用了这一手法。

建筑类型学的手法虽然很大程度上倾向于"形"的传承，但在将"形与形之间关系"类型化时，它已涉及了"神"的传承。因而，它不能只被看作是物质层面上的手法，毕竟，它还物化了"神"中"形"的部分。这一手法在建筑设计教学中是最易推广及落实的。

2. 意匠的传承

建筑类型学的手法更倾向于"形"的继承，而意匠的传承，更多追求的是"神"

似，是一种哲学上的、精神的、态度的传承。要做到这一点，学生们必须对自己本土的传统建筑融会贯通，再将所得到的新的、提炼过的、更深入的、高一层次的认知应用到自己的设计中去。在学生阶段做到这一点是有难度的，但并非遥不可及。其实，"中国建筑史""外国建筑史"等一些专业理论课程已经在此方面为我们打下了一定的基础，但是远远不够。除了从专业角度培养学生的传统文化素养以外，我们还需要从古代哲学、宗教、文学、史学和社会心理、民间习俗等方面给学生"充电"，只有这样才能使学生从高层次上深刻认识和理解传统建筑，并将自己的体悟真正运用到现代建筑设计中去。

意匠的传承对设计者的要求是非常高的，没有深厚的传统文化底蕴和全面的建筑素养是不能够胜任的，即使对设计院的建筑师来说也是难点，在业界成功的案例也屈指可数。在此方面，尤其就最终的作品而言，日本建筑师走得更远。在这里，笔者感觉很有必要列举一个成功案例来直观表达意匠传承的设计手法。

这个案例是日本建筑大师安藤忠雄的住吉长屋，他将日本传统建筑中"缘侧"的设计意匠成功传承到现代建筑住吉长屋的设计中去，安藤本人也因为这个作品而声名大噪。所谓的"缘侧"就是日本传统建筑的檐下空间，它出檐较我国深远（图54）。从空间的角度讲，"缘侧"属于半明半暗、半内半外的空间，"缘侧"的存在使得日本传统建筑的室内外空间的关系独具特色，空间流动感强，如行云流水，与室外环境联系畅然。显而易见，无论是中国的檐廊，还是日本的"缘侧"，都属于灰空间，即过渡空间。不同的是，我们的传统建筑从院落过渡到室内显得更加柔和，体现一种过渡渐变的过程，而日本传统建筑的"缘侧"空间更有"静"的特质，虽然有踏石等过渡，但从空间感受上仍有较强的异域感。从功能的角度讲，日本的传统建筑以"缘侧"这种简单的办法解决过渡和连接等复杂问题。此外，还承担会客，接待等日常生活活动。从形态的角度讲，日本建筑平面多为不对称布局，所对应的檐下空间自然也不对称。而且即使在一个建筑单体上，檐下空间也以局部设置为多。从审美的角度讲，日本传统建筑的审美崇尚"阴翳"与"幽玄"，而"缘侧"出檐深远，即使在白天，檐下阴影在立面效果

图54　日本传统建筑出檐深远，檐下空间较阔[①]

上仍占具很大成分。这些效果正是在黑暗和光明的边界上赋予物质形体以及精神。从宗教角度讲，日本在佛教传入时还处于古坟文化时期，所以佛教必然产生具有主导和控制性的影响。所谓的"余情""幽玄""寂""陀"等审美形态无不受到禅理的影响，具体到建筑就是营造空灵、闲寂的静谧空间，而这种空间要求的是黯淡平和，而非一个泛光的世界。这也是"缘侧"在室内外过渡中营造的氛围。从文化的角度讲，"缘侧"的灰色气质影印着日本文化的灰色基调，这种"灰"的属性在很多艺术中以相同的意匠营造。例如，"缘侧"类似于世阿弥所创的"能"剧当中的一个重要概念——"静隙"，同时，它也类似于中日水墨绘画中的"余白"。由"缘侧"所影射到的相关文化内涵有很多，但大多是具有非理性因素的灰色域文化概念。总而言之，"缘侧"是一个具有"静"的特质的过渡空间。安藤的住吉长屋（图55），虽然在20世纪70年代住宅同周边环境关系趋于封闭的背景下，形式上看来是拒绝外部环境，并不像"缘侧"一样温柔地接受外部空间，但它却具有"缘侧"精神的空间——由墙和两侧的屋室围合成的内庭，上空被二层的过桥打破，自然光将过桥的阴影静静影射在地面和墙壁上，朝暮变换、四季轮回均可体味。在这里，光作为运动的载体之一，在非泛光的空间状态下，让人体味运动的间歇，感受变化瞬间的定格，认知物体的真实存在。它正是让人的精神从有限的小空间延展至无限大宇宙的精神导体。空间材质与形式的极端简约，让主人可以在进行家庭活动的同时也注重内心情感，感受超脱和静寂的心理需求而非形式本身——这也正是"缘侧"精神的表达。在日本现代建筑中，我们还能找到一些独特的空间，这些空间并非功能需要，而是建筑师给使用者冥想，发掘内心世界，体验精神快感的安静空间，它们可能是长长的坡道，也可能是凹入墙体的小室或某个被隔离的场所。这正是"缘侧"精神内涵的部分延展。虽然它们没有以原形嵌入现代设计中，但通过领会其"静、寂、幽"的精神，部分或完整地表达了原有的精神构架。从某种意义上讲，我们继承了感觉或

图55 安藤忠雄的住吉长屋②

者精神，我们就真正继承了传统。正是这些感性的设计者将这块用以享受精神的方寸之地留了下来。相比之下，我们对于将自身精神以抽象方式传达还较为陌生。对于教学来讲，意匠的传承是一块有待发掘的净土，是值得师生共同深入研究的一方天地。

3. 现代主义的新倾向——新现代主义

我们的现代主义建筑起初是为了逃离古典主义的桎梏，摆脱过分烦琐的装饰（古典主义的核心在于比例和几何形式的运用，而非装饰），体现艺术家或建筑师的个性观念和形式言语，虽诸多流派纷呈，但缺乏共同的艺术标准而过分个性化，使得一些作品脱离大众，脱离生活和人性，走向极端。随之而来的后现代主义自出现的那一天起就像一个无所不包的"杂货铺"，并且过分依赖装饰符号和细节，多义甚至歧义，本身缺乏思想体系和整齐清晰的模式，所以给人玩世不恭或消解崇高的感受，更不足常立于世。总之，这两者始终没有找到一种令人信服的建筑模式。而新现代主义，并非紧随其后的"新生儿"，它是对现代主义自20世纪初诞生以来，或式强或式微，然而从未间断，发展至20世纪70年代初以后的阶段的界定。它是现代主义的继承和发展，在它的逐渐成熟的成长过程中，有望为建筑界提供一种久违的稳定的世界建筑范式。

具体来说，"新现代主义的建筑形式其主要特征体现在：1.注重地方性特征的表现，从建筑与自然和人文环境的关系方面对现代主义进行修正；2.在装饰方面突破了早期现代主义排斥装饰的极端做法，走向肯定装饰，风格多样，讲求材料与构造的作用；3.注重技术、生态和多学科的交叉、吸收；4.其中包含新理性主义、简约主义、微电子等风格。"[2]

其实，从学生的作品来看，如果非要分门别类，大都属于新现代主义或是现代主义的某个倾向。不过这些很少有人提，很大程度上是因为本科生对纯建筑理论涉猎较浅的缘故。事实上，不能武断地说，不清楚建筑理论就不能设计出好的作品，但对建筑理论的研究一定对建筑设计有所帮助。如果一个学生清晰地了解自己的设计作品属于新现代主义的范畴，那么他设计建筑时将有更清晰的方向性和目的性，必定在设计实践和建筑理论上都有所成长，因为这两个方面是相辅相成的。深刻理解新现代主义的内涵及其历史意义，将使学生在做设计时意图更加明确，并使作品本身具有更加坚实的理论基础和思想内涵。反过来，设计工作本身将新现代主义理论付于实践，可以不断论证甚至丰富和开拓新现代主义的理论范畴。

其实，在当代的中国建筑界就有很多成功的建筑师，比如获得普利茨奖的王澍，或者是"标准营造"的创始人张柯，等等，他们可能并不标榜新现代主义，但就其作品而言，正是属于新现代主义的范畴。与其他手法相比，新现代主义距离学生更近，甚至有的学生在不知不觉中已经实践了新现代主义的思想，并在一定意义上将其"新倾向"的内涵逐渐清晰化、具体化，如果能够进一步形成较为完整和成熟的个人设计程序和个人形式语言，那将是建筑设计教学的最大成就。

4. 对比，也是一种意义上的传承

如果说对比、决裂也是某种意义上的传承的话，大家首先想到的必是著名的巴黎卢浮宫美术馆。1984年1月23日，贝聿铭在法国文化部首度向历史纪念委员会简报计划案，当时的反对浪潮甚至让翻译几乎为之落泪而无法工作。后LeMonde报、费加洛报等大媒体均对贝聿铭的玻璃金字塔不以为然。根据《费加洛报》的民意调查，90%的民众反对此做法。而今天，历史证明，"贝氏成功地改变了卢浮宫的命运，使之成为一个真正的现代化的美术馆……正如埃菲尔铁塔的际遇，从当初大家反对到如今倍受爱戴，贝氏为巴黎创造了新的文化标志……"[3]。

我们的国家大剧院亦是如此，在某种程度上也采用了对比的手法，同时在整体上关注了环境，没有"压倒"人民大会堂等重要建筑物。国家大剧院确实对人们的思想观念的更新是个推动，同时也给国内建筑设计体制、方法带来了有益的冲击，而且从政治角度来看，它也是成功的。但北京，毕竟是一个古老的城市，而现在看来，新的一些现代建筑并没有与传统建筑很好地形成城市肌理。在国家大剧院之后，我们又顺理成章地接受了中央电视台新址等新建筑。

然而，这种对比、甚至决裂的手法是否适合"遍地开花"还值得商榷。作为教师，我们应向学生正确传达上述的理念及认识观，但在修订学生设计方案时，对于对比手法的运用要极为谨慎，对于对比的尺度要把握好，对于将之用于整体还是局部要斟酌。现在虽有成功的案例，但就目前来看，整体运用此手法还只限于个例。对于学生作品，我们更多地应强调使其适应普遍标准和大众价值观。毕竟学生还不是大师，对于一些建筑界的非典型现象要从理性上正确认识，在感性的设计中要特别掌握好设计的尺度。

结　语

传承传统建筑文化，在教学意义上，是要求我们培养学生在这个高速发展的年代里，对文化做出标准的职业判断。在具体的教学过程中，除了宣言式的方向指引外，更需要不断总结具体的操作手法，使学生们务实地将其正确的、职业的、高层次的建筑观实现于他们的作品之中。

注释

①图片来源：日本建筑学会编.日本建筑史图集［J］.彰国社刊，2002（09）：20.

②图片来源：http://www.a-life.com.tw/reported2.php?rec=55

参考文献

［1］刘先觉主编.现代建筑理论［M］.北京：中国建筑工业出版社，1999：304.

［2］郑东军，黄华.走向新现代主义：巴黎拉德芳斯新区与柏林波茨坦广场建筑解读［J］.新建筑，2006（02）：45-49.

［3］黄建敏.贝聿铭的艺术世界［M］.北京：中国计划出版社，香港：贝思出版有限公司，1996：117.

再议传统建筑文化的传承

彭鹏　展封文娜　姜玉艳

前　言

我们一直强调，在全球化的大背景下，在经济高速发展的今天，应该在建筑上保持中国传统文化的特有个性。确实，看看我们今天的城市，表情单一，大同小异，自己特殊的文化品格和精神气质在国际化和"通过现象"中泯灭。我们需要反映民族文化的建筑，这是改变城市面貌的基点，是人们在物质需求极大满足后的精神回归，是建筑师在"文化快餐"年代里作出的职业反应，也是我们建筑立于世界舞台而不被湮灭的根本。

如何做有民族气质的建筑，或者说如何传承建筑传统文化，这是在学生时代就常常提出的问题。每次去听专家讲座，在最后的互动环节都有学生提出类似的问题，尽管讲得很多，然而我们最后能捕捉到的信息却寥寥无几。因为那大多是方向上的指引，较少涉及具体手法。然而，在这个大标题下，要将之付诸实践，我们更需要具体的手法。在这里，笔者略提拙见，抛砖引玉，以承来者。

1. 建筑类型学的手法

我们传承传统建筑文化无非是从"形"和"神"两个方面入手。建筑类型学的手法是最行之有效的"形"的传承，而且它可以囊括所有类似的手法，包括所谓的"引喻""抽象"等。自从我们一提出"类型"开始，我们就已有了以传统建筑类型为基础的意念。因为传统建筑蕴含了大众的精神寄托和集体记忆，从这里我们可以找到久违的归宿。当然，还因为我们不至于以现代主义、后现代主义或早先的折衷建筑为基础寻求类型。

建筑类型学的手法，说起来是一种十分具象并易实际操作的手法。简单地说，他类似一种归类分组、演化生成的方法体系。即将"具有相似结构特征的形式归结分类，并在此过程中接纳并呈现特定的文化和人脑中的固有形象"[1]。最后的演化生成结果，可能只是该类型众多变体当中的一个，生成的同时就解决了统一与多样的矛盾冲突。因为同一类型可能产生多种形式变换，但由于该变换是在深层结构类似或不变的基础上产生的，所以其效应应是多样化中的协调。我们可以再具象地说，设计的初步，就是将已选取的类型进行几何抽象简化。当然，这一原型必须具备普遍的历史意义，它应是特定文化背景下人们头脑中共有的固定形象。这种抽象简化后的类型元素可以直接运用到建筑处理上。但这只涉及到形式上的类型。在做一个建筑单体时，尤其是在做建筑群体时，我们还需要特别注意形式与形式之间的类型转换，即形式关系上的类型转换。形式关系相比形式本身要更加内在化，它是形式内在的逻辑基础，是实质性的存在关联。在做建筑单体时，如果只有形式本身的类型转换，那么最后作品则难逃"形式主义"及"肤浅直白"的论断。所以形式关系的类型学转换在某种意义上更重要，也更加接近建筑本质。如果遇到建筑群的处理，这一问题就更加不可回避了。

建筑类型学的手法绝不是简单的回归历史。在今天新的实际环境中，我们使用新的材料、新的技术、新的思想方法在新的文脉中尝试将这些特殊的历史成果片段重组。在新的环境下，运用传统的关系将之组织或是采用新的关系将之重新拼贴。这些尝试均以"激起人们对往昔生活和建筑片段的回忆而获成功"[2]。

实质上，很多建筑大师都经常采用这种手法。如贝聿铭，他在国内的作品，从早期的香山饭店到近期的苏州博物馆，显而易见，无不是采用类型学的手法，还包括日本滋贺县的美秀美术馆等等。若说有什么不同，那只是抽象简化的程度不同而已。曾经为迎接奥运这一国际盛事而新建的北京奥林匹克中心区下沉花园（图55、图56），也在极大程度上采用了这一手法。

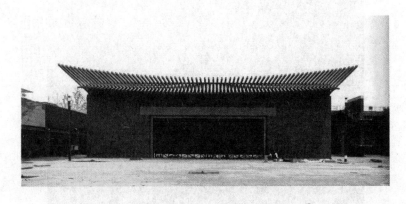

图55　下沉花园1号院、宫门及方形广场①

建筑类型学的手法虽然很大程度上倾向于"形"的传承，但在将"形与形之间关系"类型化时，它已涉及了"神"的传承。因而，它不能只被看作是物质层面上的手法，毕竟，它还物化了"神"中"形"的部分。

图56 下沉花园6号院——似合院②

2. 意匠的传承

建筑类型学的手法更倾向于"形"的继承，而意匠的传承，更多追求的是"神"似，是一种哲学上的、精神的、态度的传承。要做到这一点，必须对自己本土的传统建筑融会贯通，再将所得到的新的、提炼过的、更深入的、高一层次的认知应用到自己作品中去。在此方面，国内建筑师一直在努力，但从最终的作品而言，同样面对此问题的日本建筑师走得更远。在这里，笔者以"缘侧"为例。

图57 日本传统建筑出檐深远，檐下空间较阔③

　　所谓的"缘侧"就是日本传统建筑的檐下空间。它出檐较我国深远是我们共同的印象（图57）。当然，防雨、防潮必然是建筑重点考虑的功能，但这仅仅它檐下空间较阔的因素之一。从空间的角度讲，"缘侧"属于半明半暗、半内半外的空间，"缘侧"的存在使得日本传统建筑的室内外空间的关系独具特色，空间流动感强，如行云流水，与室外环境联系畅然。显而易见，无论是中国的檐廊，还是日本的"缘侧"，都属于灰空间，即过渡空间。不同的是，我们的传统建筑从院落过渡到室内显得更加柔和，体现一种过渡渐变的过程，而日本传统建筑的"缘侧"空间更有"静"的特质（图58），虽然有踏石等过渡，但从空间感受上仍有较强的异域感。从功能的角度讲，日本的传统建筑以"缘侧"这种简单的办法解决过渡和连接等复杂问题。此外，还承担会客，接待等日常生活活动。从形态的角度讲，日本建筑平面多为不对称布局，所对应的檐下空间自然也不对称。而且即使在一个建筑单体上，檐下空间也以局部设置为多。从审美的角度讲，日本传统建筑的审美崇尚"阴翳"与"幽玄"，而"缘侧"出檐深远，即使在白天，檐下阴影在立面效果上仍占具很大成分。这些效果正是在黑暗和光明的边界上赋予物质形体以及精神（图59）。从宗教角度讲，日本在佛教传入时还处于古坟文化时期，所以佛教必然产生具有主导和控制性的影响。所谓的"余情""幽玄""寂""陀"等审美形态无不是受到禅理的影响，具体到建筑就是营造空灵、闲寂的静谧空间，而这种空间要求的是黯淡平和，而非一个泛光的世界。这也是"缘侧"在室内外过渡中营造的氛围。从文化的角度讲，"缘侧"的

图58　宽阔的"缘侧"空间具有"静"的特质[④]

图59　檐下阴影[⑤]

灰色气质影印着日本文化的灰色基调，这种"灰"的属性在很多艺术中以相同的意匠营造。例如，"缘侧"类似于世阿弥所创的"能"剧当中的一个重要概念——"静隙"，同时，它也类似于中日水墨绘画中的"余白"。由"缘侧"所影射到的相关文化内涵有很多，但大多是具有非理性因素的灰色域文化概念。

总而言之，"缘侧"是一个具有"静"的特质的过渡空间。在这里，光作为运动的载体之一，在非泛光的空间状态下，让人体味运动的间歇，感受变化瞬间的定格，认知物体的真实存在。它正是让人的精神从有限的小空间延展至无限大宇宙的精神导体。所以，在日本现代建筑中，我们还能找到一些独特的空间，这些空间并非功能需要，而是建筑师给使用者冥想，发掘内心世界，体验精神快感的安静空间，它们可能是长长的坡道，也可能是凹入墙体的小室或某个被隔离的场所。这正是"缘侧"精神内涵的部分延展。虽然它们没有以原形嵌入现代设计中，但通过领会其"静、寂、幽"的精神，部分或完整地表达了原有的精神构架。在形式的继承上，如中廊下型住宅，继承并改善了"缘侧"的形式，将共用的"缘侧"分配于各个房间，很好地适应了现代生活。在精神的继承上，如黑川纪章的"无"和"中间领域"两个设计概念。在艺兰斋美术馆的入口设计中，长长的顶板让人有一种既室内又室外的错觉，也许他正是追求这种感觉上的模糊性，这也正是"缘侧"空间的"中间属性"的继承。其实，实现一种传统精神的继承可以通过多种不同的形式。如安藤的住吉长屋，虽然在20世纪70年代住宅同周边环境关系趋于封闭的背景下，形式上看来是拒绝外部环境，并不像"缘侧"一样温柔地接受外部空间，但它却具有"缘侧"精神的空间——由墙和两侧的屋室围合成的内庭，上空被二层的过桥打破，自然光将过桥的阴影静静影射在地面和墙壁上，朝暮变换、四季轮回均可体味。空间材质与形式的极端简约，让主人可以在进行家庭活动的同时也注重内心情感，感受超脱和静寂的心理需求而非形式本身——这也正是"缘侧"精神的表达。还有以尤其注重受者感受而著名的设计大师六角鬼丈等，都是优秀的精神传统继承者。也许，我们继承了感觉或者精神，我们就真正继承了传统。正是这些感性的人们将这块用以享受精神的方寸之地留了下来。相比之下，我们对于将自身精神以抽象方式传达还较为陌生。

3. 对比，也是一种意义上的传承

如果说对比、决裂也是某种意义上的传承的话，大家首先想到的必是著名的巴黎卢浮宫美术馆。1984年1月23日，贝聿铭在法国文化部首度向历史纪念委员会简报计划案，当时的反对浪潮甚至让翻译几乎为之落泪而无法工作。后LeMonde报、费加洛报等

大媒体均对贝聿铭的玻璃金字塔不以为然。根据《费加洛报》的民意调查，90%的民众反对此做法。而今天，历史证明，"贝氏成功地改变了卢浮宫的命运，使之成为一个真正的现代化的美术馆……正如埃菲尔铁塔的际遇，从当初大家反对到如今倍受爱戴，贝氏为巴黎创造了新的文化标志……"[3]。

我们的国家大剧院亦是如此，在某种程度上也采用了对比的手法，同时在整体上关注了环境，没有压倒人民大会堂等重要建筑物。国家大剧院确实对人们的思想观念的更新是个推动，同时也给国内建筑设计体制、方法带来了有益的冲击，而且从政治角度来看，它也是成功的。但北京，毕竟是一个古老的城市，而现在看来，新的一些现代建筑并没有与传统建筑很好地形成城市肌理。在国家大剧院之后，我们又顺理成章地接受了中央电视台新址等新建筑。然而，这种对比、甚至决裂的手法并不适宜"遍地开花"。在一个城市里，这种手法多了，突兀的新建筑就像一块块"城市补丁"而显得刺眼了。

结 语

传承传统建筑文化，在某种意义上，是要求我们建筑师在这个高速发展的年代里，对文化做出标准的职业判断。而我们除了宣言式的方向指引外，更需要具体的操作手法。做好传承传统建筑文化的工作，才能让我们的建筑不再列为消费品甚至奢侈品，而是感情寄托的所在。

注释

①图片来源：世界建筑，2008：（06）.

②图片来源：世界建筑，2008：（06）.

③图片来源：日本建筑学会编.日本建筑史图集［J］.彰国社刊，2002（09）：20.

④图片来源：日本建筑学会编.日本建筑史图集［J］.彰国社刊，2002（09）：20.

⑤图片来源：日本建筑学会编.日本建筑史图集［J］.彰国社刊，2002（09）：20.

参考文献：

[1]刘先觉主编.现代建筑理论［M］.北京：中国建筑工业出版社，1999：304.

[2]刘先觉主编.现代建筑理论［M］.北京：中国建筑工业出版社，1999：309.

[3]黄建敏.贝聿铭的艺术世界［M］.北京：中国计划出版社，香港：贝思出版有限公司，1996：117.

[4]彭鹏，李焰.中日传统建筑檐下空间别裁［J］.中外建筑，2007（01）：33–37.

下篇　案例篇

于家村石砌民居的保护与更新

彭 鹏

第一章 传统文化的时代性

1.1 传统文化的地域性、民族性和时代性

传统文化是具有地域性、民族性和时代性的。我国幅员辽阔，而且民族众多，文化亦多源。素以博大精深著称于世的华夏文化体系，它是经历了漫长岁月不断交融的结晶，因此，它的基本特征实属各地区、各民族文化所具备的共同特征，这一共性也正是构成这一宏博文化体系的基础。

同时，由于文化传统是伴随社会发展而不断发展的，所以它又具有时代性。不同历史时期的同一文化传统所体现出来的基本特征，都带有深刻的时代烙印，成为某一特定历史阶段的时代格调。探索华夏文化体系传统，自应重视各地、各民族传统文化的研究，透过两者的辩证统一关系，不仅可以从本质上对这个文化体系传统获得更为深刻的认识，同时也有利于弘扬不同地区、不同民族的固有文化传统，从而促进整个体系传统向更高层次发展，民居作为传统文化的重要组成部分理应如此。传统形式是传统文化的产物，而传统文化从整体上讲已经逐渐失去其存在的土壤。因此，民居保护仅仅恢复传统的形式如同是栽了无根之木，虽可能叶绿一时，最终还是要枯死的。笔者认为，缺乏对传统民居时代性重视的民居保护是不纯粹的，脱离时代性特征，传统文化的地域性和民族性失去了延续继承的依托，时代性是传统民居的生命力所在。

1.2 民居保护的再认识

一个社会、文化变革的时代，无疑地同时带来建筑的变革，全面地保持传统显然是不可能的，因为它等于保存产生这个传统的社会和文化。所谓保护，重要的是保留形成区域历史和文化意义的氛围，并不排斥融入时代的特征和创造力。传统无疑应得到尊重和理解，但传统不是各个时代的层叠，而是由来自不同的要素相互促进、相互消融而构成的整体。所谓来自不同时代的要素，当然包括了这个时代的特征和创造，本着对传

统的尊重，汲取传统和智慧，为后世子孙再造辉煌，才是"保护"的本质。

民居保护不只是纯建筑形象和环境的"标本式"保护，更不是冻结一段过去的回忆，而是应该同时深入探索开发建筑潜在的可能性，使业主在保护中获得应有的效益。当然，所谓保护，首先可保护建筑物和综合体的物质躯壳，没有这个躯壳，就失去了最基本的载体。但若强调对于任何有价值的民居遗存一点都不能动，事实上并不总是必要的，现实中也行不通。"纯"保护，排斥任何在现实生活中的再利用，只能提供最原始的历史价值，从某种意义上讲，甚至是一种浪费，如果不让出资的业主得到一定合理回报，这个"保护"就不能落实起码条件——资金，保护也就成了一句空话。把"开发"与"保护"从势不两立化为相互依存，已经成为社会的共识和一致的努力方向。

1.3 民居的有机更新是其可持续发展的必然

从经济观点出发，在物价波动剧烈，能源危机的今天，民居建筑的再利用，从材料、工资、能源消耗，设备等角度来看，有时比重建一栋新建筑的费用更为节省。通常再利用可节省新筑费用的1/3至1/4。由于民居建筑再利用所涉及的维修工程要比一般工程困难，所以民居建筑再利用的成本依然充满不确定性，但可以说，民居再利用的建造成本不见得比新建筑高。

民居建筑再利用是基于现有城市（村落）结构来进行，不需大量改变现有环境就可以达到，所付出的成本较一般新开发计划更为经济：在老城改造中，可以免除大量的土地征收费用和公共设施投资费用，又可恢复城市活力；在村落的保护和更新中，也可以减轻原住居民的经济负担，维持农村经济活力。因此从公共营建成本来看，民居建筑再利用是有着特殊经济效益的。

社会成本主要是指与环境生态有关的成本，是一些难以用货币价值衡量的成本，既最值得重视，也最容易被忽视，民居建筑由于多采用手工工艺，对环境没有什么负面影响，如果将其拆除，老材料难以利用，势必污染环境，同时新建建筑必须使用大量资源，因此，旧民居的再利用，有利于保护资源，减少环境污染。而且，通过民居建筑保护，还可以增加一些手工业匠人的就业机会，使一些传统技艺得以流传（见图1-1）。更重要的是，民居建筑的文化意义，对于人们的潜移默化的作用无可估量，有利于认识历史，服务教育，这些无法以货币估计的社会成本，其价值远远超过土地成本与建筑成本，保护民居建筑

图1-1　传统手工艺人

的效益尽在其中。

本章小结

在民居遗址中，记载着先人的智慧、劳动和情感，它们不仅是历史演化的实证，更是联结过去和现在的纽带，也是将现在推向未来的动力。如何以一种连续、平稳、高质的方式，联系过去—现在—未来，一如人类自觉和不自觉地从祖辈继承自然本性那样，将历史的沉淀转化为自然的沉淀，使之成为人们可以享受的智慧沉积的成果，这成为当今社会生活中具有挑战性的课题。

第二章　于家村石砌民居的保护现状与经验总结

2.1　井陉于家村明清石砌民居

于家村位于河北省石家庄市井陉县的中西部，总面积10平方千米，坐落在太行山麓一个四面环山的小盆地中。于家村的地理位置可谓奇特——不到村口不见村，村靠山，山为村，绵延起伏的群山成为于家村的天然屏障。于家村的古村落东西长500多米，南北宽300多米，基本保持着明清时期的建筑风格和布局（见图2-1）。村中现居住400多户，1 600多人，95%为于氏家族，是明代政治家、民族英雄于谦的后裔。此村俨

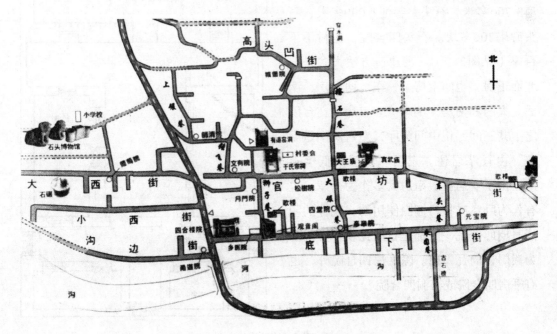

图2-1　于家村总平面图

然一片石头天地：石楼石阁、石院石房、石桌石凳、石街石巷、石桥石栏……洋洋石头大观（见图2-2）。于家村现在是国家级民俗文化村，拥有明清石制窑洞式民居和完整的家谱文化，吸引了大批民俗学家、史学家的注意。

这一地区属温带大陆性季风气候，冬季寒冷干燥，多西北风，夏季炎热多雨，多东南风，春秋温度宜人。于家村因地势较高，较之同纬度的石家庄市，夏季气温明显偏低；处于盆地中，周围山峦阻挡了寒风的侵袭，因此冬季气温较为温和。总体来讲，这里的气候还是较为适于居住的。

图2-2　于家村中处处可见的石雕石刻

全村共有石头房屋4 000多间，石头街道3 700多米，石头井窑池1 000多眼，石头碑碣200多块。石头四合院，全村不下百座（见图2-3）。其建造方法大多是：北面正房（也叫上房），东、西厢房，南面是大门和南房（倒座）。上房建在台阶之上共三间，正中间为厅，左右两间是卧室，由长辈居住。东西厢房层高低于上房，由子女居住。南房大多作为仓库，也有作为卧室或牲口棚圈使用的。现存的明清时期四合院一般都是石墙瓦顶，大门多为巽门，筒瓦飞檐。除瓦房四合院外，也有平房四合院或窑洞四合院。

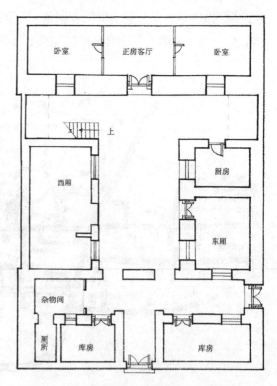

图2-3　于家村明清石砌民居典型平面图

2.2　于家村石砌民居保护现状

由于于家村民俗文化村正在建设初期，传统民居的保护工作还没有进入正轨，自然也暴露出许多的问题。为了研究工作的进一步开展，根据保护范围和使用性质，我们把于家村现存的明清石砌民居分为以下四种类型。

2.2.1　原样保护的古民居

对于那些具有特殊意义、重要学术研究价值和可提供旅游参观等功能的传统住宅，可以采取全面保护。严格限制在旧址新建住宅，需要重新规划新区，完善配套设施，利用开发旅游资源价值，提供旧宅维修和新区建设。

目前，于家村遗存的古旧公共建筑普遍采用了全面保护的措施，而作为建筑面积最多，建设规模最大的古民居却缺少相应的保护重视，对古民居的保护价值评估的工作不足是其主要原因之一。

于家村最有名的四合院是"四合楼院"（见图2-4），这建筑物始建于明朝末年，占地两亩，房屋百间，建筑面积近千平方米。分为东西两院，两院正房下层均为石券洞室，而二层主要由青砖砌成。建筑宏伟高大，古朴典雅，错落有致，宽敞豁朗，冬暖夏凉。从内院北面登二十一级露天石头台阶即到正房楼上"客位"，这里是宴请宾朋、贵客的地方，房内粗梁大柱，没有隔断。正门尺度宽大，横宽两米有余，中间为四扇花榇木门。正门两侧下部建有几十厘米高的短墙，短墙之上全部安装着花榇窗扇。由窗前走廊向南眺望，南山即景尽收眼底。楼下西厢房后面建有一排小房，分别是长工房、饲养房、磨房、碾房、库房、工具房，水井房等，大家气派可见一斑。两院大门全是黑漆巽门，上有门楼，下有门洞，宽大高耸。门槛两边是石雕门墩。门槛前面是石头阶梯，门外一侧设有拴马桩、上马石。这座四合楼院的家族在明清时代曾出过12名文武秀才，当时在这深山僻壤之地，实属不易。此四合楼

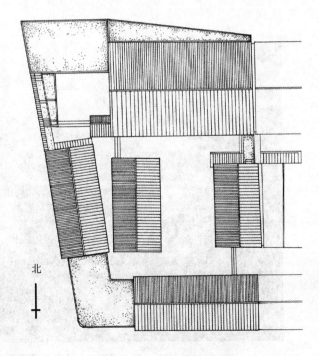

北

图2-4　四合楼院总平面图

院在于家石头村首屈一指，在方圆左右甚有名气。通
过调查，笔者认为村中的四合楼院极具保护价值，
应当采取相应措施，对其进行全面的原样保护。

但是四合楼院的现状十分令人担忧，东院外墙
面出现了较大尺度的裂缝，部分原来窗户也已面目全
非，取而代之的是一个个简易的木板窗（见图2-5）；
屋顶结构由于年久失修，屋架构件也出现了松动和虫
蛀现象。四合楼院目前仍有大量居民居住，由于产权
不明，责任不明，只使用、不保护是造成破坏严重的
主要原因。

图2-5 简易木板窗

2.2.2 新旧结合保护的民居

和四合楼院一样，大量仍在村落中被利用的普通
古民宅，也在继续为当地居民所使用，但是却没有得到相应的保护，还存在很多安全
隐患和人为的破坏行为。究其原因，很多民居在建筑功能分区、房间使用面积等方面
已无法满足居民生活的基本需求，居民自发对其进行了改建，而这种改建行为往往并没
有考虑到原有民居的固有特征和艺术价值，并容易造成对整个村落形态的破坏（见图
2-6）。

图2-6 从北山看于家村

为了使建筑风格免受破坏，可以加大力度对原有建筑损坏的构件采取修复，对于毁坏或腐朽的构架，采取维修或替换方法，以保证结构安全；其次通过改善室内采光、通风和给排水设施来提高其居住功能。

2.2.3 用作博物馆的古民居

传统文化只有在特定的场合下才能感受得到，传统技术由于传统技术匠人及传统材料的消亡而失去了其存在的物质载体，那么保护就只能依靠受过专门培训的、具有专门知识的专门人才在其中进行关于民居的科学研究（诸如传统文化与现代文化，衰落中的各种传统技术，传统性材料的不足及现代化，传统技术匠人的确保等）来实现，并同时带有博物馆的其他功能特征。

于家村石头文化博物馆内有大量明清石器（见图2-7）和天然石头展品，还有许多古农具、古器具等；共有六个展室：石头器物馆、奇石怪物馆、瓷器陶器馆、生产用具馆、生活用具馆、鞋帽服饰馆，所有展品均系本村村民主动提供；另外，还有拟建中的古碑馆、矿石关、化石馆、料石馆等，待建成以后充实该馆。该馆展示了先人的生活习俗和文化修养，极具教育意义和文化价值。

图2-7 博物馆中展出的明清石器

2.2.4 用作旅游服务的古民居

这是于家村目前正在推广的一种经营方式。为了适应蓬勃发展起来的旅游业，民居的居住功能理所当然地、被最直接地转换成商业功能，出现了各种形式的商店、餐馆、小型服务业场所，等等。其中最受欢迎的是由宅院改成的小型旅馆，这种把一些空置的旧宅改建成独具特色旅馆比起耗巨资去建千篇一律的豪华酒店更利于民居的保护。让这些新兴的旅游产业逐渐取代传统产业，并借以达到民居保护的目的。这一方式的实质是在民居旧宅内注入新的功能的活力，使旧屋能继续完好地生存下去。旧有的石砌民居群在经过精心整治和优化环境以后，能够完整地保留原有风貌，成为乡村发展的重要见证和新的旅游资源。

我们也应该看到，随着旅游业的逐渐发展，会有越来越多的人和车流涌进于家村，势必会带来一系列的问题，空气污染、环境破坏，更严重的是伴随全村经济结构的变化，人文环境的破坏危害更大。这些矛盾虽然还没有激化，但应该引起充分重视。

2.3 于家村民居保护中的问题与经验总结

2.3.1 保护过程中存在的问题

2.3.1.1 政府参与：扩展保护范围，重视相关环境

目前，石家庄市对于文物建筑的保护，往往迫于经济压力，只求保护建筑本身，对建筑周围环境的保护则不够重视。有些被保护的建筑，由于没有留出足够的保护距离，随着城市建设的发展，逐渐被包围在众多的新建建筑群中，使之失去了环境的依托，降低了被保护的价值。井陉于家村石砌民居形式是因于家村特殊的地理环境因素和自然村落发展历程而形成的。保护石砌民居除要保护建筑本身外，还应将促成于家村石砌民居形成的诸多历史和环境因素，如街道、古迹、绿化、景观视线走廊和与之相关的社区活动等一并加以保护。从细节来看，复杂的地形、有限的建造用地是形成各种石砌民居类型的主要原因，而且许多建筑往往是通过室外的石坎坡道来联通上下几层的交通，现出结合地形灵活多变的处理手法。如果失去了建造环境的依托，石砌民居借助地势创造多层空间的特点就无法体现出来。

2.3.1.2 自然整合：保全物质躯壳，增加生活内容

在老区的基础上兴建民居村落博物馆，尽管不失为一种保护民俗文化的方法，但在历史文化古村落保护时，能够保持居住者们的生活气息才是真正的保护。只要不采取"冻结式"的保护方式，则居住者和古城的关系将逐年变化，甚至还有这样一种意见——把现存的形式固定化的方式是错误的，自然整合也许是一种更为真实的保护形式。

　　这种民居的更新发展可能会大大改善环境，提高居住环境的舒适性，即使如此，这样的民居保护依然会给居民带来种种制约，包括对过去记忆之内的陈腐老套的生活旧习的厌恶。向往现代生活的人，在老屋的居住生活中更是会感到很大的制约。反过来，居住者如果把那里当作自己的诞生地、故乡而加以爱护，并且因其具有较高的历史文化价值而自豪，通过积极参加文化城市的规划建设，产生了自豪之感，即使有许多不便也是可以克服的。由此可见，民居保护仍需寻求居民的理解和决心。这种发展可能从目前的认识水平看，也许是一种最为理想的方式。保全物质躯壳，增加新生活内容，进行全方位的生活设施的改造：交通、能源、文教、卫生、安全、防灾系统等，这样充实了现代生活内容之后，民居的生活功能可以得到保全。民居内部的现代化设施容易实现，但石砌民居区往往道路狭窄，交通不便，运输条件极差，缺乏上下水设施（图2-8），卫生条件恶劣。因此在保护的同时，应对其道路交通系统和上下水市政设施加以改造：适当拓宽道路，保证必要的车辆运行，并设置足够的上下水基础设施，建立污水处理系统和垃圾处理收集站，彻底改善居住的环境卫生条件。

图2-8　露天的水井仍是居民主要的饮水来源

2.3.2　民居保护与更新的经验总结

2.3.2.1　展示建筑文化，拓展地方资源。

　　随着时代的发展，保存传统生活方式，已失去了现实的意义，传统民居实际上已成为一种地方文化的载体或符号。因此，从展示地方传统建筑文化的角度来考虑，可将传统民居作为一种静态的历史文化现象加以保护和开发利用。旧有的民居群在经过精心整治和优化环境以后，能够完整地保留原有风貌，成为村落发展的重要见证和新的旅游资源。因而，在传统民居的重点地段，可以通过改变石砌民居用途，如改造为小型旅馆，增设小型服务设施如旅游商店、观光茶楼等方式，将其改造为旅游观光服务中心，同时增设旅游车辆及车辆停靠站等辅助设施，将游览和体验石砌民居作为整个旅游观光的中心环节，从而创造出一项具有石家庄特色的新的旅游项目。

2.3.2.2　着眼整体风貌，实行片区性保护。

传统民居是人类聚落的重要体现，单体的简单形式和簇群的丰富，是中国传统民居的主要特色之一。于家村的地理位置可谓奇特——不到村口不见村，依据地势，由山形顺势而上，其总体形象的形成往往是长期发展的结果。因此，单幢的民居建筑既无法体现传统民居的整体风貌和发展历程，也无法体现民居之间所形成的变化无限的半公共和公共空间，如院、街、巷、踏步等。石砌民居由于地形的限制，建筑单体往往紧密地靠在一起，其山墙与道路之间形成特有的空间形态，形成了许多仅供一两人通过的缝隙空间，这些缝隙空间与高低错落的建筑形体、不同高低的开窗以及转折变化的上下踏步，共同构成了石砌民居的公共空间意象（见图2-9）。这种感受是在单个体量的现代建筑中所无法领略的。民居邻里之间的内外空间，是共同构成民居风貌的重要组成部分，任去其一，都是极不完整的保护。

图2-9　于家村的传统街区形态

2.3.2.3　保持社区文化，改善居住条件。

由于目前石砌民居内的居民不仅经济能力有限，而且居住密度极大。因此，为了给当地居民提供一个满足其基本生活要求的居住空间，提升石砌民居的保护和利用价值，首先必须通过一定的政策手段，在保持石砌民居地段长期形成的社会文化的同时，减少当地的人口密度，只有这样，才能为进一步的深度开发提供条件。在适当的人口密度下，进一步改善传统民居的居住、卫生、防火、抗灾等条件，可以指导居民根据总体规划要求和自身使用的需求改造自宅，如适当扩大居住空间、增加和完善厨房和卫生间设备，改善采光和照明条件，提高隔音和防火性能等。通过引导当地居民积极参与，不仅延长了传统建筑的使用寿命，保护了长久形成的社区文化，而且还将使当地居民由于互助修建而形成更密切的社会人际关系，有助于进一步提高整个社区的凝聚力。与此同时，可对传统交通路线的某些区段适当进行拓宽，形成公共绿地和室外休息空间，并增设与之配套的公共服务及文化娱乐设施（见图2-10），如老年人活动室、茶馆、图书文化站等，让石砌建筑村落重现生机。

2.3.2.4　继承传统风格，开创时代特征。

石砌民居作为一种地方的传统建筑风格，其深含的传统民居文化无可置疑的具有继承性，同时也具有可创性。继承性在于它的经济合理性和文化传承性，石砌民居保持原有地貌，因地制宜的建造思想既有经济价值，也有生态价值，在人们日益重视生态环境与可持续发展的今天更具有重要意义。可创性则在于形式是服从于内容的，

图2-10　清凉阁自古以来就是于家村最主要的社区文化中心之一

现代人生活方式在日益进步，建筑的科技也取得了很大的发展，因此，要根据人们对居住空间的新要求，用现代的科学技术手段，去改造和完善过去的传统居住形式，使石砌民居重获新生。既要继承传统，保持风貌特色，又要改造与发展，提高建筑品质，形成新的特征

2.3.2.5　因时因地制宜，继承发展并重。

任何一种民居的保护方式，在当今市场经济的大环境下，如果不是市场行为，最终将会失败。尤其是在井陉县，由于文物保护经费有限，文物普查和挖掘保护都力不从心，对于石砌民居的保护，不仅牵涉到建筑本身的保护改造问题，更多的还要涉及现有居民的搬迁问题，所耗费用甚巨，如果仅靠政府的财政拨款，无疑是杯水车薪。分期规划、居民参与、逐步实施区段的居民看到改造后良好的建筑、社区风貌和经济效益，使保护和改造计划变被动的政府行政手段为当地居民主动的自觉行为，因此，组织居民参与保护与改造工作，一方面能集思广益，满足居民的物质和精神需求，另一方面又调动了居民的积极性，充分利用当地的人力、物力和建造中的集体互助而节约投资，只有这样，才能保障传统石砌民居保护和改造的持久性、经济性和完整性。同时，传统民居的保护与改造是一项长期而艰巨的任务，涉及文化、经济、城市建设等各个方面，不可能一蹴而就。分步实施不仅能起到示范作用、减轻资金投入的压力，而且还可以及时地对

前期保护和改造过程中出现的问题加以分析研究，提出解决方式，以避免工作中走弯路，并使得修正的计划切实可行。

因此，必须将传统民居的保护与开发利用结合起来，将传统民居作为重要的建筑和旅游资源加以开发，通过旅游业的收入来弥补保护经费的不足，这也是目前西方许多国家文物建筑保护的一种主要方式，相信能对井陉于家村传统民居的保护和开发起到一定的借鉴作用。

本章小结

于家村石砌民居的保护和开发的方式，与建筑的风貌特色、建筑质量、保护范围大小、居民职业状况、周边环境及当地经济发展趋势等诸多因素息息相关，其开发模式也应是多种多样的。要因时因地制宜，拓宽保护思路。

第三章　井陉于家村民居有机更新的探索

3.1　指导思想

可持续发展是当代人们在面临能源短缺、生态破坏和环境恶化等危机情况下，重新审视人与自然关系之后，提出的一种新的环境价值观和生存发展观。这种观点已引入许多领域内。其中，人居可持续发展观点是由联合国第二届人居会议提出的，旨在改善人类住区的社会、经济和环境质量，促进人类住区的可持续发展。在技术方面表现为：减少不可再生能源和资源的使用；使用低能耗的建筑材料；加强对旧建筑的修复和重复使用；以及建筑构件和产品的重复利用；在人居方面表现为：既注重满足当代人的居住需求，又不损害后代人满足其居住需求的机会。在注重自然资源容量的前提下，使人类社会与生存环境协调持续发展。

3.1.1　可持续发展的规划观

于家村村落规划中可持续发展的设计观主要体现在：节约不可再生的土地资源；充分利用自然装点自然和融合自然，而且满足人们的居住和心理需求；注重环境和资源容量，保持适度的聚居规模；背山面水（图3-1），负阴抱阳，随坡就势，大都选择在山谷内相对开阔的阳坡或山侧南向缓坡上。

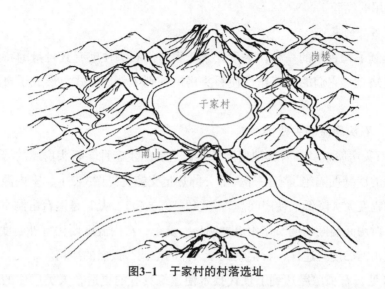

图3-1　于家村的村落选址

3.1.2　可持续发展的设计观

尽可能地适应当地的地理气候和物质条件，具有鲜明的地域特色。继承民居平面建筑空间灵活多样处理的设计手法，天井在交通与采光通风上的妙用；柱网尺寸应该采用现代住房模式，适当加大开间进深，使住宅传热耗热值较低，能耗较少；尽量采用南向，充分利用自然日照，并顺应当地主导风向，有利于形成室内自然通风，同时也有利于融入传统村落的肌理。

3.1.3　可持续发展的技术观

技术是建筑诗意的表达，在营造技术和建材利用等方面的可持续发展的技术观表现为：充分利用日照采光和自然通风等可再生能源，体现建筑节能设计；以石材为主料，充分延长建筑的使用寿命；建筑空间处理灵活多样，满足不同时期人们的居住需求，提高建筑功能的适应性；使用当地廉价低能耗的建筑材料；石构件较为标准，便于统一制作、装卸维修和重复利用；向传统手工艺人，尤其是于家村中还在从业的石匠学习。

3.2　于家村石砌民居的经验和特征

于家村石砌民居中究竟哪些是属于优秀的特征和经验呢？民居的特征，主要是指民居在历史实践中反映出来的本民族、本地区最具有本质和代表性的东西，特别是要反映出当地居民的生活生产方式、习俗、审美观念密切相关的特征。民居的经验，则主要指民居在当时社会条件下如何满足生产需要和向自然环境斗争的经验，譬如结合地形建造民居的经验、利用当地材料的经验以及适应环境的经验等，这就是通常所说的因地制宜、因材致用的经验。

3.2.1 石头的家

作为延续了几百年的一种住宅形式，于家村的石头住宅有其自身的特点。无论是优点，还是缺点，它们的相互作用使石头房屋区别于其他形式，形成了自己独特的一面。

3.2.1.1 石头房屋的主要特点

（1）石头房屋本身具有其他房屋所难以达到的生态性。石头房屋的墙壁极其厚，这样，房间的墙壁便隔绝了室内外大部分的热量交换（见图3-2），室内温度受到室外温度影响的程度大大降低，使房间呈现冬暖夏凉的特点。尤其是退台窑洞室内后墙部位的小窑洞，对房间温度的调节作用更加明显。夏季，窑内温度要比室外温度低2到3度；冬季，又高出2到3度。这样，石窑就成了天然的空调、天然的冰箱。

由此可见，石头房屋达到了现代技术使建筑具有的更适合人类居住的功能，却不消耗任何能源，是典型的绿色建筑。

图3-2　石头房屋良好的通风隔热性能示意图

（2）与其他类型四合院相比，属于窑洞四合院的于家村石头房屋有其自身的优点。由于是建在地上，于家村民居的通风、采光良好，院内排水容易，没有被水淹的危险，夏季也不像地下窑洞那么潮湿。更重要的是，于家村民居不像下沉式窑洞和靠崖式窑洞那样过分地依赖自然，可以不受地质和地形情况的影响，大范围进行修建，是窑洞住宅中发展较为完善的形式。

（3）于家村民居也有其不足之处：第一是浪费土地；其次建造起来费工、费时、费料。一所房屋墙壁的厚度便达到1米，在使用面积一定的情况下，建筑面积加大很多，无形中浪费了很多耕地，在地窄人稠的于家村，这是很不经济的；另外，建设一个窑洞的周期通常为二到三年，时间效率上又过于低。还有，尽管是当地盛产青石（见图3-3），大规模地采石还是会对自然环境造成极大破坏。在从前，当建造一所房屋时，屋主通常邀约亲朋好友利用农闲时节，利用天然材料帮忙建造；今天，节省时间、人工、金钱的优点，反而成为费时、费工、费料的缺点。这些对于今天石头房屋的发展具有极大的阻碍作用。

图3-3　青石是于家村主要的建材

3.2.1.2　石头住宅的艺术特色

质朴的民风创造出了质朴的民居。粗犷，原生态，是其最大的特色：统一而不单调，丰富而不凌乱，古拙而不陈旧。

于家村民居大体看来，无论是装饰还是建筑本身，都是比较粗糙的。这可能与其完全是村民自建，而少了专业工匠的参与有关。而且于家村是以农业为本的村庄，人口结构以农民为主，因此于家村民居也少了精致、柔弱的文人的审美情趣，体现了农民的质朴粗犷的风格。

3.2.2　空间要素

3.2.2.1布局与空间

（1）院落空间

循序渐进，创造具有地方特色的乡土建筑，延续乡土风貌无疑是更为复杂的合力而为的工作。笔者认为乡土建筑是空间、风格、技术的高度统一，它们不能脱离与生活方式、生存观念和技艺水平的联系。笔者在这里主要以空间演变为切入点研究传统与现代的交融方式。

于家村的石头民居是以四合院为组织单元的，拥有我国北方传统四合院的基本特征（见图2-3）。于家村四合院的平面形式自由灵活。它因人力、物力、财力等多重因素，在规模上，远远不及北京四合院（见图3-4），而是多以最为简单的一进院落形式出现。当然，这是同于家村四合院简单的人口组成相适应的。但是，这样也简化了四合院的功能，使其无法完成北京四合院的多种功能。在功能较复杂的四合院中，为了弥补这一缺憾，采用横向扩展的手法，来达到丰富四合院的目的，如四合楼院。于家村位于大山腹地，四合院的选址并不规整，这就决定了于家村四合院平面形式上的自由与多变。

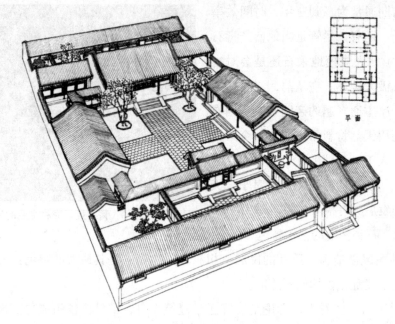

平面

图3-4　北京四合院之三进院落示意图

它的主要布局特点是中轴对称，很大程度上是受地形条件所限（当地为山地），院落形式无法完全做到规范化，故于家村四合院平面布置相当自由（见图2-3），不但在平面的方位布置上灵活多变而且在"择地相宅"上除符合"堪舆"理论之外，更能体现天（自然）人（人居社会）合一，随地相形的观念。正所谓："非其地而强为其地，非其山而强为其山，即百般精巧，终不相宜。"

一个院落空间的形式及其尺度，是由建筑平面的布局决定。在于家村，由于用地的局促，促成了一个个相对狭小内庭院的形成，这是单体院落的基本特征。庭院的宽度通常由正房的开间决定。正房大多为2到3间，随宅基地的大小不同而变化。3间正房的院落，院子宽度为当心间的宽度；两间正房的院落，院子宽度为两间屋子的中线的宽度。这样使庭院的宽度基本上保持在3米上下。庭院的长度通常取决于东西厢房的长度与游手抄廊的和。而且厢房的长度一般小于正房的长度，因此，于家村四合院的庭院的长宽比绝大部分都大于1，小于2。当然也不排除少数例外，如少数庭院长宽比接近于1。这种形式的采用是与当地气候相适应的。河北南部夏天的气候炎热，尽量采用窄长形的院落形式，有利于穿堂风的形成。缩小长宽比，可以使在总建筑面积一定的前提下，尽量扩大庭院的面积。

从空间上讲，院落有正空间室内和负空间庭院组成。同时，庭院兼有院外到室内的过渡作用，也就是灰空间。它区别于无限制的院外空间和完全封闭的宅内空间，既封闭又开敞内天井作为灰空间成为整个院落空间的灵魂。

（2）院落的类型

由于于家村经济生活条件所限，于家村四
合院的规模并不很大，归结起来一般可分为一
进院落、两进院落和混合型院落三种类型。

①一进院落：这是于家村里最为常见的一
种院落形式（见图3-5）。通常大门位于倒座
东南侧，东厢的山墙作为影壁，起遮挡视线的
作用；有的院落大门位于倒座正中，影壁单独
设置，同样有丰富庭院空间层次的作用。这样
的院落利用正房的中线和倒座的中线作为院落
的纵轴，两侧的厢房的中线作为院落的横轴。
不过由于于家村四合院的形式是纵向延伸的，
因此院落的横轴并不明显，而是突显了纵轴的
重要性。庭院的布置基本上是沿纵轴对称的。
基于经济实力，家庭人口构成等多方面因素的
综合，一进院落成为于家村四合院庭院类型的
最为重要的类型。

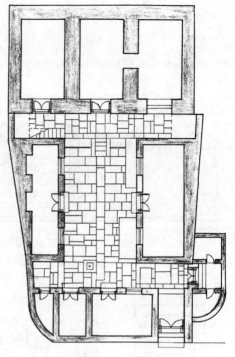

图3-5 282号住宅

②两进院落：这一类性的四合院通过轴线上院落形状、尺度以及建筑形体的变
化，来表达建筑空间的内外主次，区分出建筑的等级，形成由外及内、由公共空间到私
密空间的层次过渡。两进院落的四合院在于家村并不占有很大的数量，更多的，它是以
一进院落的变形的形式出现的。它的倒座不像北京四合院那样作为客厅，而是大多用做
畜棚、贮藏室和厕所，第一进院落的厢房为贮藏室。整体而言，第一进院落非常狭小，
或者说其根本构不成院落，而只是用一道中门代替了影壁（见图3-6）。

它的倒座不像北京四合院那样作为客厅，而是大多用做畜棚、贮藏室和厕所，第
一进院落的厢房为贮藏室。整体而言，第一进院落非常狭小，或者说其根本构不成院
落，而只是用一道中门代替了影壁。

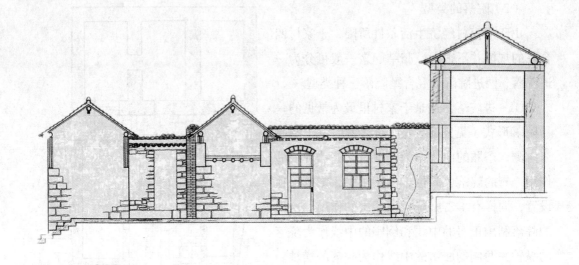

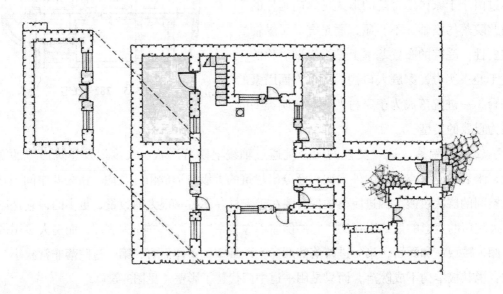

图3-6 两进院落

上图：住宅剖面图；左图：住宅平面图

③复杂院落：这类院落的平面突破了规整方正的典型的四合院类型，复杂且活泼。它的轴线不仅纵向延伸，横向上也加以扩展（见图3-7），形成了东西并联的几重院落。但是这样的四合院各院落往往不是并列放置在一起的，而是根据院落尺度、比例及围合院落的建筑物形体差异形成某种对比，暗示院落间的主从关系。有的四合院还建有侧院或跨院，供下人或放车马、饲养牲畜使用。

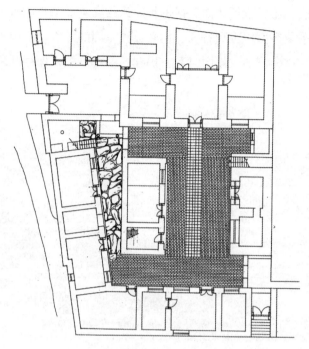

图3-7 横向扩展的院落：四合楼院平面图

3.2.2.2 窑洞与平房

正房可分为窑洞型、平房型和无梁殿型三种形式。于家村民居中的窑洞属独立式拱窑，由当地盛产的青石砌筑墙体，由于边跨侧墙需抵抗侧推力，其墙体可厚达1米有余，屋顶厚达二三尺，使窑内冬暖夏凉。正房窑洞常为二孔或三孔，以三孔居多，一般两侧窑洞开间较小，作为卧室，中间则是客厅，是"一明两暗"的形式；若是两个开间，则东为客厅，西为卧室。窑洞顶部平台可供晾晒或休息之用，平台青石墁地找坡至排水口。屋顶上的雨水可通过窑洞石头房檐上的排水槽排到院内，然后利用院内的水窖加以贮存，澄清后留待以后使用。院内青石铺地，既保持平时的卫生，又可以保持贮存的水的清洁。窑洞之上加建砖木结构的二层，称为"客位"，是平时接待客人、宴请宾朋的地方。这便是通常所说的"无梁殿"。平房型正房多为一层，单坡或双坡屋顶，与一般砖木结构房屋不同的是，墙体材料为青石。在这里笔者着重分析于家村特有的两类建筑形体。

（1）窑洞

窑洞是于家村里最常见、规格也较低的一种建筑形式，属于典型的独立式地上窑洞。外观上，窑洞最显著的特点是平屋顶（见图3-8）。它的外观都是由石头构成。石头的墙面，石头的屋檐，石头的窗洞，屋檐上石头的排水槽，当然也有石头的屋顶。内部则与一般的窑洞一样，呈拱形顶。石头墙壁向上和拱顶结合，形成的石头拱券成为窑洞的顶部。对于一般的农家来说，这样做有很多优点。石头屋顶可以节省下一笔专门为购置瓦材而用去的钱，还省下了瓦面破损重新换瓦的麻烦。平整的石头屋顶平时可以用来放置物品，收获季节还可以晾晒谷物，不必设置专门的晾谷场，节省了不小的土地。屋顶一般少有人上，比较清洁，暴雨时其上积存的水可以加以保存利用。

图3-8　独立式窑洞

（2）平房

平房是另一种常见的建筑形式（见图3-9）。它其实与一般砖瓦房相似，只不过建筑材料由砖换为青石。由青石砌筑的墙壁直插向上，然后由架上木材，形成抬梁式结构的屋顶形式，上覆瓦面。这种平房类似于硬山式建筑。

图3-9　平房四合院

3.2.2.3 庭院与绿化

空间处理配合光的运用，这正是于家村传统民居中最聪明的做法——增加窄长的建筑的两翼，形成一个三合院的采光天井。我们可以看到内天井式建筑天然采光最好，而且建筑密度最大。人们愿意让光线从房间的两面进入室内，内天井可以创造一个室内明亮的的庭院，成为家庭生活的美化中心（见图3—10）。两面进光玻璃角窗曾经在欧美风行一时，然而，内天井的中国传统民居建筑表现了更为生动的光影效果，这一点，是需要我们在设计中继承和发扬的。来自内天井的天然光把人们的视线从琐碎的家庭杂务中引向外部庭院的景物，光的清晰感有助于看清内外装修的细部，并增加了绿化植被的生命力和在天井中的美感。同时，小天井加强了自然通风，把通风和采光结合在一起，树荫和遮阳设施对室内微小气候有一定的调节作用。

图3-10 庭院中的绿化成为家庭成员以及邻里之间的交往中心

绿化是庭院内必不可少的要素之一。它在丰富空间，美化环境等多方面都是不可或缺的。于家村四合院的绿化较少采用大型多年生绿色乔木的做法，多为盆栽点缀，少数种植了石榴树。这样做的原因主要与当地的存水方式有密切关系。于家村人将这个好习惯带进了家里。绝大部分庭院都是石铺面，这也限制了大面积绿化的进行。于家村饮用水的主要来源之一是庭院内建造的水窖，在这里，几乎家家户户都建水窖，水窖已经成为必不可少的，建水窖须对庭院地下部分进行挖掘，有时差不多整个庭院地下被全部挖空，大型乔木自然无土可植。另外，就算是有土，也不可种植，以防止植物根系对水窖的影响。

3.3 现代乡土建筑新模式的探索

3.3.1 传统居住模式的分析

从居住空间讲，迄今为止，没有一个社会组织像家庭这样对生活方式的变动、进步和矛盾冲突做出敏感应变。民居建筑作为家庭的空间载体发生了较大的变化。各个时代的家庭生活和结构从住宅的空间构成上反映出来，形成时代的居住模式。群体建筑组成的院落是中国人千年生活方式的载体，它代表的生活方式和中国文化密切相关。费孝通曾形象地指出：家庭网络体现了一种同心圆的社会关系，如一枚石子投入水中，波纹一圈一圈外推，越远越薄，形成一张错综复杂的亲属网络。按费孝通的解释，在"大一统"观念下，人们形成以己为中心，一个一个推出去，有差异的次序。在同一院落中产生尊卑秩序，院落布局合乎伦理、法度。如家庭的生活方式具有父子为继承之轴的轴向性，以长老为核心的向心性的封闭性，这在于家村传统的民居的合院中一一得到反映（见图3-11）。因此村中单元式、联排式住房鲜见。时代变迁，我们看到尽管人们总希望

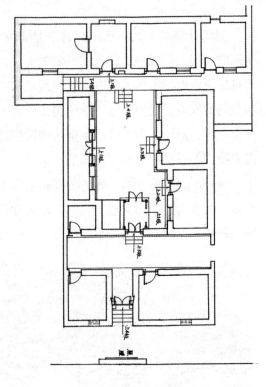

图3-11　于家村148号平面图

维持大家庭的生活方式，可是每一代的大家庭还是不免趋于解体。目前核心家庭的地位日趋明显。根据抽样调查，农村人口由于计划生育的施行，自1978年来于家村人口呈缓慢下降的趋势，3至5口户都在60%以上。传统民居不强调单体形式，重在院落的层次，轴线布局，单体民居简洁实用。随着核心家庭的突出，旧有的大户民居需要通过增建、改建、重新分割等手段改善居住条件和调节使用功能。生活方式的重大变革引起了家庭结构与功能的改变，新的家庭生活需要新的家庭空间形态与之相呼应。

现代院落的演变：传统时代，人与人之间是礼制控制，又具有血缘关系的完整体系，院落组成合院，作为制度规范的物质载体对内敞开，对外私密。目前合院的礼制意义已丧失殆尽，现在的院落多为多户的共用空间，早已成为小家庭或地缘群体的生存场所。"人生而静，天之性也；感于物而动，人之欲也。"人生喜静，需要一定私密性，不希望庭院嘈杂扰乱个人的生活。而撒满灿烂阳光的院落始终是人们劳作、休息、储物、嬉戏的空间，人与人，人与自然的亲和体现在这里，因此院落是能够承受和适应现代生活的一种外化形式。面对矛盾，乡土民居的院落演化自有它的规律，小家庭的布局通过厅式单元组合形成新的院落（见图3-12）；自然环境不断渗透进建筑的围合中；街巷的封闭性打开，局部代之以开敞空间等。乡土环境的肌理既保持了原有的风格又在不

断发展当中（见图3-13）。原有的老人、邻里等社会网络、院落的空间观念还存在，恰如其分地体现了生活的真实性。

图3-12 以花园为中心的新型院落单元概念

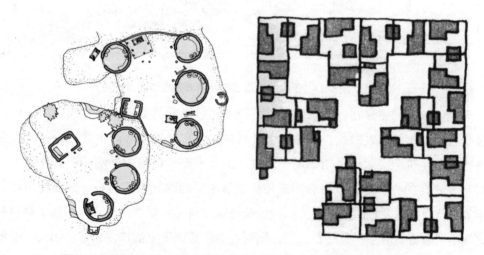

图3-13 封闭空间与开敞空间的交融：原始聚落与新型院落的一脉相承

3.3.2 可以借鉴的设计方法

"传统的"和"乡土的"两词常常被互换使用，这是因为关于传统的某些性质也能在乡土中发现。"传统"被定义为"人们经过一代又一代延续的某种思维和行为模式"，与历史延续性具有一种明确关联，是随时间而变化的一系列表象。在历史的发展过程中，它不断地被摈弃、修正和赋予新的内容。

　　将乡土文化表现于现代建筑创作是很困难的。只有通过对乡土的本质进行深刻的探讨研究，并由在现代社会中生活的、掌握了现代技术与方法的建筑师们加以咀嚼和过滤，属于现代社会的乡土建筑才可能产生。如果省略其中任何一个过程，都可能造出一些毫无价值的东西。乡土的现代化并不是只在场所之中，仅凭肉眼就能看到的景观（见图3-14），而是要构筑其背后的"原风景"。换言之，就是要进行其特有精神再生的工作，为了较好地处理现代和传统之间辩证统一的关系。

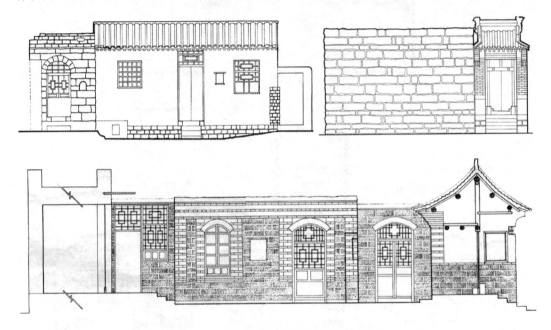

图3-14　于家村明清石砌民居典型立面图

　　现代建筑师们主张在多层次上继承传统，而且继承的方法各不相同。第一种方法是吸收利用传统的外表形式，但是又引进新的技术和材料使之产生焕然一新的面貌。在现代乡土建筑中一般仍采用如屋顶形式、深远出檐、格扇、外廊等旧有元素（见图3-15），这样的方法易于取得和当地传统建筑相协调的效果。但是，这样使用混凝土和钢等现代材料以及相应的技术去模仿传统建筑材料（木材）的形式，切断了材料和形式之间不可忽视的联系，是一种浪费，同时也会带来施工上的许多困难。因此，一般建筑师只用于古城区的改造和扩建。黑川纪章的奈良摄影博物馆以及戴念慈大师晚年的杰作——阙里宾舍就是这样的代表作。

　　第二种方法是将传统建筑的外表形式进行重新组合，并融入"共生"的设计思想之中。将传统建筑的一切要素——柱、天花板、墙壁、楼道、窗户、入口、露天空间等均看作符号（见图3-16），并将这些符号配置于现代建筑中。采用这种方法，历史上的形式重又获得新的多重价值和意味，而现代建筑获得丰富的内涵，彼此之间达到了共生的效果。建筑师黄汉民在进行福建省图书馆新馆的创作时，采用了现代建筑中的联想、借鉴、类型等多种手法，对当地的福建民居进行了抽象化处理。在半圆形的露天空间、曲线形窗套、高低变化的女儿墙等多处演绎闽南民居的特征。使我们在这座全新的现代建筑中，感受到福建民居的韵味。黑川纪章在和歌山现代美术馆和、歌山博物馆所采用的也是这种方法。

图3-15　民居中的细部装饰　　　图3-16　大门是传统建筑的重要符号

　　第三种方法，造型和符号不再是主要手段，甚至其形式离传统甚远，而是通过空间和环境的处理、体形的塑造、地方材料的运用等，来赋予建筑地方色彩，体现传统文化内涵、哲学理念和审美情趣。印度建筑师柯亚（C.Correa）就是运用这种方法进行建筑创作，即从现代出发，对传统作"转变"工作。柯里亚认为：人的生存环境有三个层次存在：一是实用的；二是形象的；三是文化的，后者以一种不断更新的地区潜意识作为深层结构而存在。这种文化因素，最终来源于地区的气候。在对新孟买的住宅作规划设计中，他非常重视结合印度的气候条件，吸取民间经验，由此发展了一种利用自然通风原理的"管形建筑"，甚至把它应用到高层住宅中。对柯里亚来说，印度气候对建筑的主要影响在于阳光的强烈。他的设计就绝妙地操纵着阳光、阴影和气流，因而具有鲜明的印度的特征。根据他对印度人对气候的社会反应的研究，他设计的建筑总是成团的、集合的，同时又是内部可流通的（见图3-17），从而继承和发展了印度传统公共建筑（集市）的"漫步建筑学"的手法。

　　一般认为乡土建筑是与高技术相对的大众建筑，是用与生俱来的当地建筑形式、当地材料和生产系统而建造的房屋，他们甚至可以任意加减。但是这个定义未见是完全的。除了提供有效的功能外，乡土建筑应当是不趋同的，是富有特色的和美感的。尤其是它们的院落变化呈现出丰富多彩的形式，与建筑风格与现代技术材料配合，构成了新时代的合院建筑。从合院空间入手，这正是我们不断从整体的分析出发探索乡土建筑特色的目的所在。

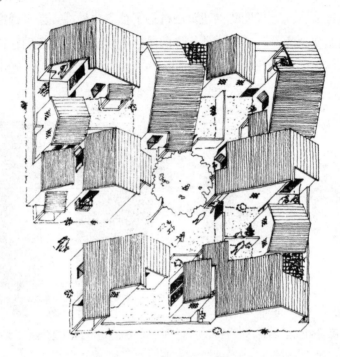

图3-17　贝拉布尔低收入者住宅示意图

也许是于家村人面对自然的启示造就了如此和谐的民居形式，但是，这种"和谐"只是暂时的，随着科学技术的发展，社会文化交流的频繁，传统民居所赖以存在的社会经济基础发生了变化，其历史上所具有的稳态的平衡基础，人们的思维情感、心理素质等无一不在动荡之中，对住屋的观念也发生了极大的变化，在自然、社会、传统居住形态之间存在着极大的"不和谐"，人们在以各种方式急切地寻找着这种新的"和谐"——新的住屋模式，为此有必要深入研究传统住屋形态形成、发展的内在实质，追求其演化的规律，为民居的发展提供可资借鉴的依据，这是我们研究传统民居的最终目的。在此，我们通过实地调查收集，选择了几种具典型性的民族居住形式作为研究对象，进行现代乡土建筑形式的探索方案设计——一种在传统与更新中寻觅的可持续发展的过渡性住屋形式。

3.3.3　新旧结合的民居设计（见附录）

3.3.4　新建民居的设计（见附录）

本章小结

于家村石砌民居的有机更新是其可持续发展的必然，针对在发展过程中所造成的和可能造成的自然生态、文化资源、以及人与技术关系等诸多方面的矛盾，我们有必要注重研究于家村传统文化的现实合理性与未来的发展方向，重视技术的进步与建筑和其所在地区的自然、人文、以及经济因素的协调；注重那些融入地方情感、经验、和独特智慧的传统技术，集思广益，运用专业知识，以创造性地设计联系历史和将来。

结束语：从传统建筑到现代乡土建筑

柯里亚在论述我们的乡土语汇对现代建筑创作可能产生的影响时有一段话：
"……那些美妙而灵活多变的和多元的乡土语言已经存在。作为建筑师和城市规划师，所有要做的不过是调整我们的城市和乡村，使这种语言能够重新散发活力，而一旦完成了这一步，剩下的不过是静观其变罢了。"

在这个多元的世界，建筑师将会不断面临许多新的设计趋向，现代乡土建筑就是这样一种新的建筑趋向。建筑师对乡土建筑可以有不同地理解和不同的创作手法，但最终形成的作品首先应该是属于现代的。从乡土建筑中摄取丰富的营养，进行现代建筑和现代乡土建筑的创构和探索，是一条充满激情、充满光明和希望的创作之路。这正是我们研究于家村传统民居的意义所在。

参考文献：

[1] 陈志华. 乡土建筑保护十议[C]. 建筑史论文集第17辑, 2003.

[2] 张钦楠. 柯利亚的创作道路[J]. 时代建筑, 1997 (01): 12–15.

[3] 印度建筑师查尔斯·柯里亚作品专辑[J]. 世界建筑导报, 1995 (01).

[4] 单军. 当代乡土建筑: 走向辉煌——97 "当代乡土建筑·现代化的传统" 国际学术研讨会综述[J]. 华中建筑, 1998 (01): 9–11.

[5] 杨崴. 传统民居与当代建筑结合点的探求——中国新型地域性建筑创作研究[J]. 新建筑, 2000 (02): 9-11.

[6] 何俊萍. 可持续发展的民居新模式探索[J]. 云南工业大学学报, 1997 (03): 55–62.

[7] 吴良镛. 乡土建筑的现代化, 现代建筑的地区化——在中国新建筑的探索道路上[J]. 华中建筑, 1998 (01): 1-4.

[8] 长岛孝一. 当代乡土·传统建筑的现代化[J]. 王炳麟, 译. 华中建筑, 1998 (01): 12, 18.

[9] 荆其敏, 张丽安. 中外传统民居[M]. 天津: 百花文艺出版社, 2004.

[10] 刘敦桢. 中国古代建筑史(第二版)[M]. 北京: 中国建筑工业出版社, 1984.

[11] 李泽厚. 美的历程[M]. 天津: 天津社会科学院出版社, 2001.

[12] 楼庆西. 中国古建二十讲[M]. 北京: 生活·读书·新知·三联书店, 2001.

[13] 刘致平. 中国居住简史——城市、住宅、园林[M]. 北京: 中国建工出版社, 1990.

[14]［美］拉普卜特. 建成环境的意义［M］. 北京: 中国建工出版社, 1990.

[15] Kuyt RouLand. 模式与形态［M］. 柯志伟, 译. 台北: 六合出版社, 1992.

[16] Charles Correa. The New Landscape. The Book Society of India, 1985.

附　录

（于家村石砌民居更新设计）

　　也许是于家村人面对自然的启示造就了如此和谐的民居形式，但是，这种"和谐"只是暂时的，随着科学技术的发展，社会文化交流的频繁，传统民居所赖以存在的社会经济基础发生了变化，其历史上所具有的稳态的平衡基础，人们的思维情感、心理素质等无一不在动荡之中，对住屋的观念也发生了极大的变化，在自然、社会、传统居住形态之间存在着极大的"不和谐"，人们在以各种方式急切地寻找着这种新的"和谐"——新的住屋模式。为此有必要深入研究传统住屋形态形成、发展的内在实质，追求其演化的规律，为民居的发展提供可资借鉴的依据，这是我们研究传统民居的最终目的。在此，笔者通过实地调查收集，选择了几种具典型性的民族居住形式作为研究对象，进行现代乡土建筑形式的探索方案设计——一种在传统与更新中寻觅的可持续发展的过渡性住屋形式。

于家村石砌民居更新设计　规划设计　脉络肌理

……伫足小村庄作为研究对象来审视于我们要村落中之一分子如果把眼落空间在建筑结构成至一个空间中介，向内包纳庭院空间，向外铺展着周边境，取为"灰空间"，明建筑按庭落研究中也是成立的。景、建筑的实体部分、白（建筑的内外空间部分）、灰（组织、连接的介质）。三者构成于家村寨的"全景"视图的大体关系。此外、大量的功能民居、公建等元素有机结合体。是一个适宜人居的"小社会环境"。我们力图从建筑生态环境出发，以立体剖析的视角，来审视本次设计，并迈出坚实的一步

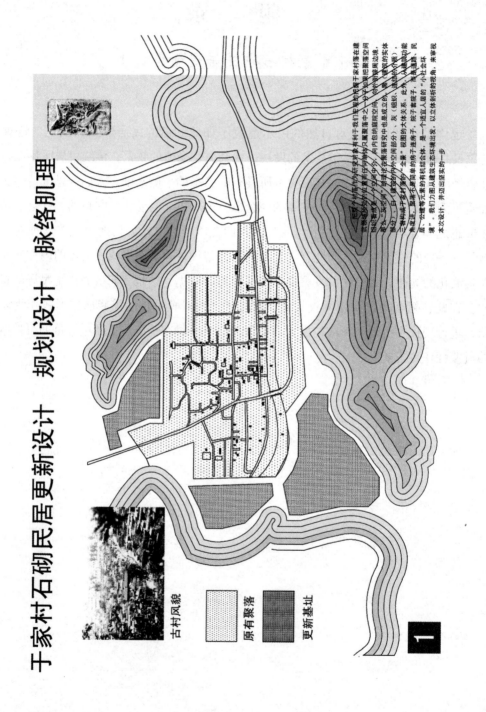

古村风貌

原有聚落

更新基址

1

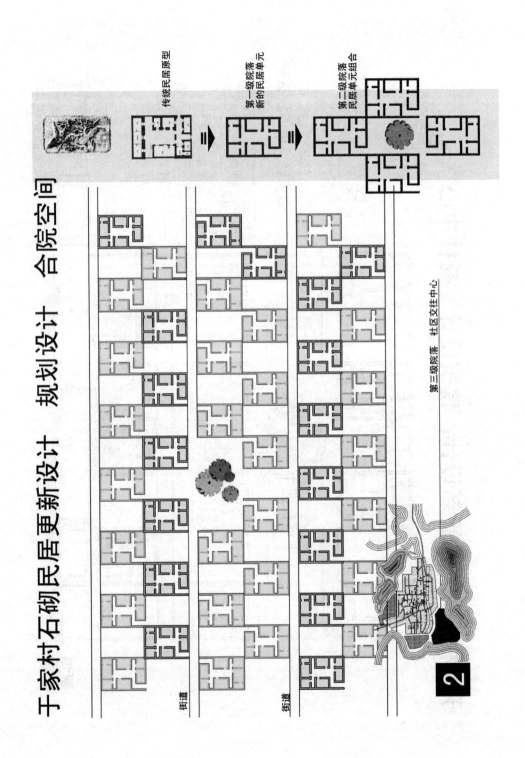

于家村石砌民居更新设计　规划设计　合院空间

传统民居原型

第一级院落 新的民居单元

第二级院落 民居单元组合

第三级院落　社区交往中心

街道

街道

2

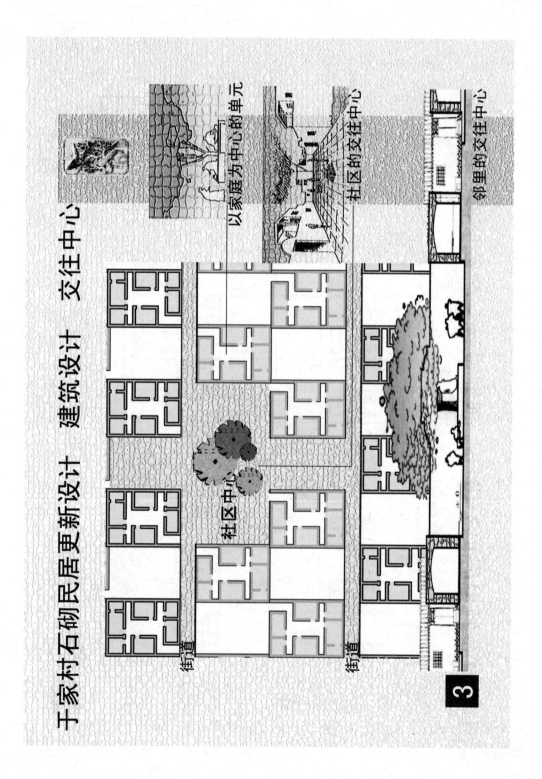

于家村石砌民居更新设计 建筑设计 交往中心

以家庭为中心的单元

社区的交往中心

邻里的交往中心

社区中心

街道

街道

3

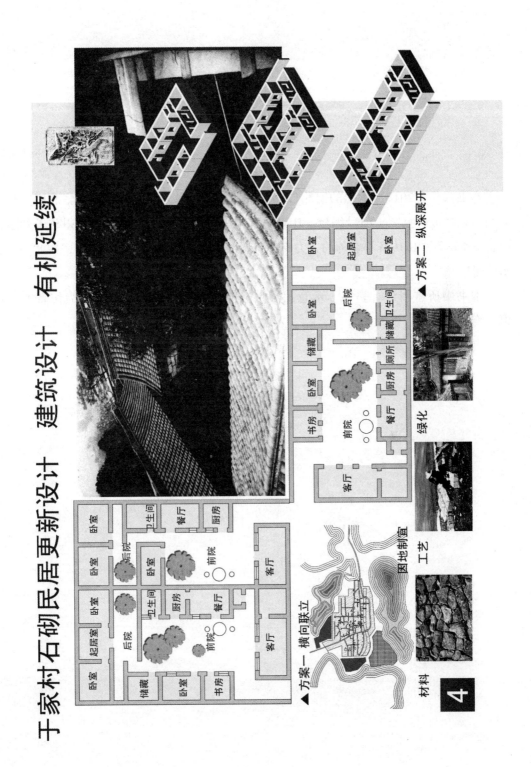

于家村石砌民居更新设计 建筑设计 有机延续

后　记

　　本书为作者2017年承担的河北省社会科学基金项目，课题名称为"华北历史村落空间形态特征研究"（项目编号：HB17YS046）。笔者在研究过程中，得到了刘丽、唐聘、丁琪轩、田传辉等老师的大力支持，提供了丰富的素材及理论支持，在此一并表示感谢！

　　本书中所有图片、表格、示意图等，除标注资料来源之外的，均为作者本人拍摄、绘制。